人としくみの農業

地域をひとから人へ手渡す六次産業化

追手門学院大学ベンチャービジネス研究所［編］
香坂 玲／葉山 幹恭
村上 喜郁／梶原 晃［著］

追手門学院大学出版会

発刊の辞

追手門学院大学ベンチャービジネス研究所は2006年に開設して以来、さまざまな挑戦的・革新的な事業の取り組み、およびそれに関連した諸課題を対象とした研究を行っています。現在、研究所には学内外に合わせて13名の所員と8名の研究員、そして3名の顧問が在籍して活動を進めており、昨年、一昨年と出版しました『事業承継入門』の1巻から3巻では、事業を承継するためには何が必要かをテーマに種々の分野の視点から考察した結果を示しました。そして今回、焦点を当てたのは農業です。農業の可能性を広げるものとして期待される六次産業化に対し、経営学分野・自然資源マネジメント分野、およびベンチャービジネス研究の側面から考察し、その結果を一般書籍として広く役立ててもらえる形にしました。このように、研究論文等ではなく一般書籍として発刊することで、大学から研究成果を広く発信し、農業という事業を持続的・発展的にとらえる挑戦的農業従事者やこれから農業に取り組もうと志す若者にとって参考となることを願い、本書を発刊します。

本書の3章は追手門学院大学が研究活動を助成する2015年度の「特色ある研究奨励費制度」に採択され、本学のような社会科学系大学で学ぶ学生が、農業やその他さまざまな専門技術を必要とする分野に関与し、どのような貢献の方法があるのかということを実証的に取り組んだプロジェクトをまとめたものです。研究助成に対しこの場をお借りして心より感謝申し上げます。

最後になりますが、久留米大学の梶原晃教授、金沢大学の香坂玲准教授や若手研究者の皆さま、日本経済研究所の佐藤淳上席研究主幹に本書の発刊に参加して頂きましたことにより、研究所の活動が、一層、幅の広い有意義なものになったことにお礼申し上げます。

また、本書の編集に携わって頂いた丸善出版の戸辺幸美氏始め多くの方のご助力を賜りました。ここにお礼申し上げます。

２０１６年３月

追手門学院大学
ベンチャービジネス研究所所長
経営学部教授　田淵　正信

はしがき

本書は、追手門学院大学ベンチャービジネス研究所叢書シリーズの第6巻目にあたるもので、農業の六次産業化を「人としくみ」からさまざまに考え、とりまとめたものです。農業の六次産業化にはいろいろな捉え方があります。最近の移住、食や農業のブームもあって、その実態の理解や内容とは少し離れ、個人であれば「おしゃれで新しい」、企業などであれば「革新的で時流にのっている」というイメージが先行して動いているようです。一方で農業は日本人が連綿と続けてきた営みの側面もあり、単なるイメージやビジネスとしては語れない部分があるのも事実です。本書ではこうした点を、体験やストーリー、しくみなど、さまざまな角度から考えてみました。

第1章「遺産に関わる国際認定制度は産地にメリットがあるのか—世界農業遺産の能登半島における伝統野菜・地名を冠する農産品の価格動向の分析を中心として」では、世界農業遺産に認定された能登半島を対象として、認定が地元産品としての農産品価格にどのような変化をもたらすかについて分析をしました。地元の自治体関係者や生産者が期待を寄せるように、認定を契機として観光客が増加し、地域内で生産される農産品の価格が上昇したのかどうかについても検証しました。現在、日本の自治体の多くは、国連機関などが関係する世界遺産、ジオパーク、エコパークと呼ばれる「場所」の認定について関心を持って検討したり、場合によっては取得を目指して動いています。しかし、本章の分析結果からは、単なる産地認定（遺産認定）のみで付加価値の増加は見込めず、真に六次産業化が必要であることが明らかになりました。「場所」の認定というものは戦略的に取得すれば投資や集客、地域の産品のブランド化による恩恵が見込める一方で、それだけでは不十分なのです。まず、農林業の生産の場と加工・販売の連携や、教育・観光などの関連するセクター間の連携が重要となることが示唆されました。地元の行政体が「取得して終わり」の実績づくりだけではなく、取得後のコミットメントや有効活用が欠かせません。

第2章「深化する六次産業化戦略―生産・加工・販売、それぞれのアプローチと連携」では、農業側だけではなく、加工・販売側が主導する六次産業化事例が増えつつある現状を明らかにしました。その中にあって、生み出される商品の高度化とそれとともに目立つ農業側の経営資源の限界という現象を補い、持続可能な六次産業化を実現するためには、やはり業界を超えた組織間の連携が必要であることを、本章では経営戦略論的な見解も交えて指摘します。

第3章「地域の大学が六次産業に果たす役割」では、郊外型の中規模文系大学である追手門学院大学が、地域における六次産業化に対して、何ができるのか？　あるいは、何ができないか？　について、大学側で実際に事業担当者となった教員が内部からの視点で記述しました。ここでは、単に一私立大学による産学連携の事例紹介に留まらず、事業化に向けたストーリー性やそれに絡む人のネットワーク化が重要であることを示しています。

第4章「日本酒の原材料から見る六次産業化―北陸と東北の事例から」では、清酒の一大産地である東北と北陸に注目して、原材料利用の実態と産地の動向について、地理的表示等の産地の認定制度についても触れつつ、六次産業化に関する可能性と課題について考察しました。日本酒はもともと加工品であり、一次産業の生産者や加工・流通などの二次事業者だけではなく、販売を行う三次事業者も深く関わり、事業者の種類も、酒蔵、酒米の生産者、それらの流通業者と、国税庁・農林水産省などの行政も関係してきます。また、原材料の調達や販売促進では広域な連携がなされている実態がある一方で、ローカルな場所の風土の特性を活かしていこうとする動きの相克が今の日本酒のブランディングには見られることをデータを通じて明らかにします。近場で生育するブドウを原料とする、ワインで発生してきたテロワール（場所性）といった概念を援用しながら、時には遠隔地で生産される米や水を原材料とする清酒についてもあてはまるのかどうか、概念的な検討もしています。こうした、多種多様な関係者が関与する日本酒製造と地域の米・水の利用によるテロワール、さらにそこにある人を介したストーリーと六次産業化の関係について検討します。

第5章「農業の六次産業化・異業種参入・ハイテク化・オランダ―四つのキーワードから日本農業の将来像を考える」では、四つのキーワードから、日本農業の将来像を検討しました。その中で、農業の再生化・活性化の手段として語られることの多い「農業の六次産業化」「異業種参入」「ハイテク化」「オランダ（のように高度に進歩した施設園芸農法の技術）」といったことだけでは、現状の日本農業のブレークスルーにはなりえず、農政を含めたしくみの抜本的な見直しが必要であることを主張しています。

追手門学院大学ベンチャービジネス研究所は、国内外のベンチャーの理論的・実証的研究だけでなく、実社会でのベンチャーマインドを持った新たな取り組みに、これまで積極的に貢献してきました。農業にも新たな変革がもたらされようとしている今、農業およびその六次産業化について、当研究所としても改めて検討する意義は大きいと考えます。本書の発刊を契機に、当研究所でもこの研究テーマに引き続き関わっていきたいと考えておりますので、引き続きご支援を賜われればと存じます。

２０１６年３月

執筆者を代表して　梶原　晃

目次

1

遺産に関わる国際認定制度は産地にメリットがあるのか
―世界農業遺産の能登半島における伝統野菜・地名を冠する農産品の価格動向の分析を中心として

金沢大学大学院人間社会環境研究科地域創造学専攻准教授　香坂　玲
金沢大学大学院人間社会環境研究科地域創造学専攻博士研究員　内山愉太
金沢大学大学院自然科学研究科博士後期課程　藤平祥孝

Ⅰ　はじめに

環境、特に生物多様性の価値は、「一般人に分かりづらい」と行政担当者が頭を悩ませており、科学者はその価値の「可視化」を従来から試みてきました。例えば、国立公園や森林の機能を経済的に評価するなどで、その価値の認識が試みられました。国内の現場では、身近な題材で生物多様性の重要性を伝えるため、日本政府は「里山」を国連の場でも打ち出し、科学者は「その価値は何兆円」といった経済的評価を発表してきました。

そうした中、国際連合教育科学文化機関（ユネスコ）による「世界自然遺産」といった認定制度は、即座に人々に価値を伝え、観光体験等を通じて人々の行動を変える潜在性を持ちます。実際には一般の市民にとってその価値に関する理解は多様であり、その学術的・歴史的な価値が必ずしも正確に理解されないケースもあります。それでも、例えば世界自然遺産への登録は、報道機関、観光客など非専門家に対して神話的な作用といえるほどの権威や「ありがたみ」をもたらすことが多いのです。国内のある地域を国連機関などの関連組織が認定すると、「世界が認めた」「国連が定めた」といった報道がなされがちです。ユネスコだけではなく、国際連合食糧農業機関（ＦＡＯ）も世界農業遺産（ＧＩＡＨＳ）の制度を２００２年に発足させ、国連のレベルにおいても複数の組織が影響力を発揮しやすい分野での認定制度を設立させています。

結果として自治体は、認定を環境活動の盛り上げや観光地としての差別化、地域ブランドの構築に活用し、時には複数の認定を戦略的に使い分けようとしている実情があります。例えば、世界自然遺産として自然が注目される屋久島町は、エコパークを含むＭＡＢ（ユネスコ人間と生物圏）の計画で「文化や農業の営み」を強調しています。

しかし、制度の本来の趣旨と地域での期待にはギャップがあるという課題もあります。もともとグローバルな制度に依拠しつつも、保全と利用の相克、過剰利用、獣害、広域連携における自治体間の温度差が顕在化し、生物多様性や地域コミュニティの営みの存続といった持続性に関する現場ならではのズレや課題もあります。また、翻訳の問題として、原語の生物圏保存地域（Biosphere Reserves）を国内呼称ではエコパークとするなど、制度本来の趣旨と国内での一般的な理解の間に溝も生まれやすい状況があります。

本研究では、世界農業遺産に認定された能登半島を対象とし、認定の前後での地元産品での農産品の価格の動向について分析します。また地元の自治体関係者や生産者が期待を寄せるように、認定を契機として観光客が増加し、地域内で生産される農産品の価格が上昇するのかどうかを検証します。制度本来の趣旨としては、観光や農産品の高付加価値化を主な目的とはしておらず、あくまで副次的な効果として想定しています。このようなかい離がある中で、実証的な農産品の動向を分析している知見は極めて限定的であり、本研究は4年間という短期間ながら、認定の前後での知見を提供することを目的としています。

Ⅱ　対象地域・先行研究のレビュー

能登半島は、佐渡市と同時に2011年に国内では初めて世界農業遺産に登録されました。能登半島は里山・里海と呼ばれる独特な景観を形成しており、そこでは人の営みと生態系が密接に関連した農業システムが培われています。生態系を保全しつつ持続的に農林水産業を営む潜在力を有している点が特に評価され、登録に至りました。

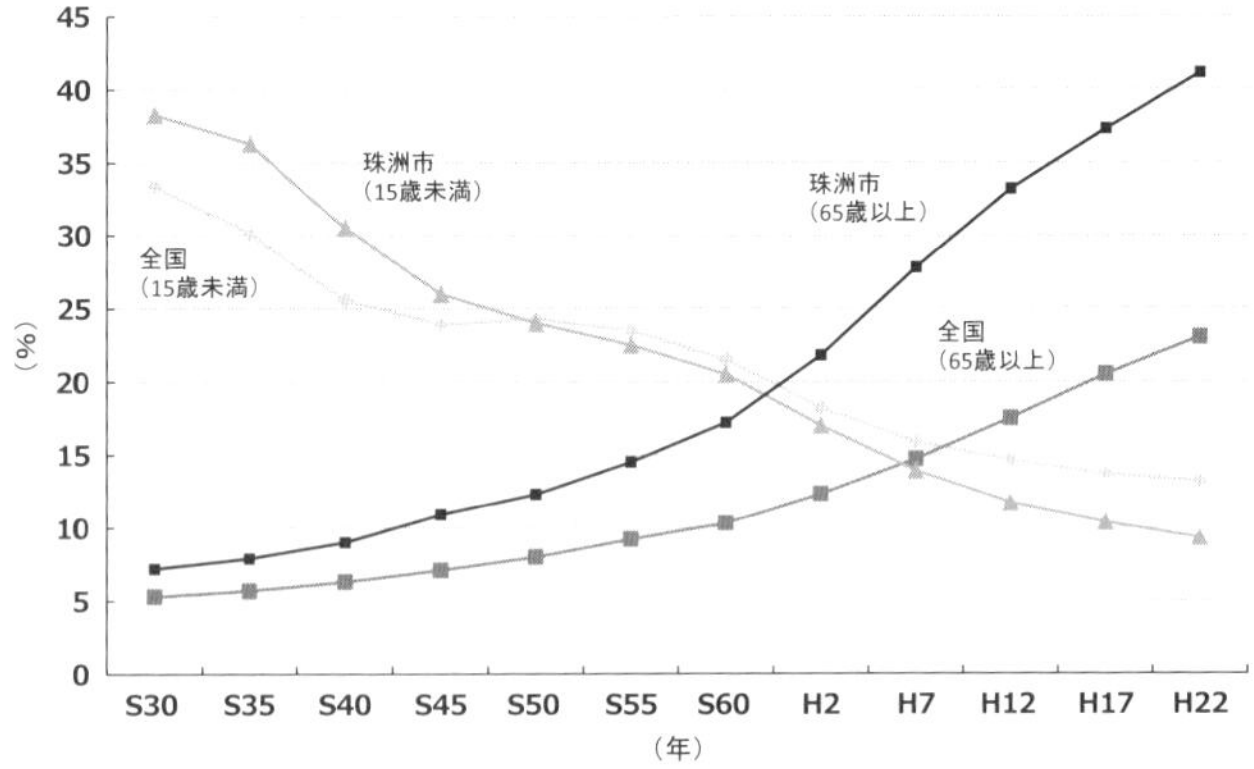

図1　日本全国平均と珠洲市の15歳未満および65歳以上人口の割合（%）
データ出典：国勢調査

能登地域は全国平均に比しても特に高齢化が進んでいる地域です。半島の先端部分に位置する珠洲市と全国の15歳未満と65歳以上の人口割合を比較してみると、昭和30年頃では全国平均と珠洲市の差はわずかですが、平成22年には、65歳以上人口割合は珠洲市の方が15%以上高く、急速に高齢化が進んでいることが分かります（**図1**）。高齢化が進む先進国における世界農業遺産としてのモデルの創出も、能登地域を含む日本の認定地域には期待されています。

　本章で取り上げる世界農業遺産についても、制度の本来の趣旨と地元の期待には、若干のかい離があるようです。世界農業遺産という地域の認定の本来の趣旨は、伝統的な農法を次世代に継続させていくこと、自然との調和などに重きがあります。例えば古沢（2015）は、六次産業化の関係性との文脈において注目される取り組みの一つに世界農業遺産を挙げ、「単に一次、二次、三次の産業の重層化という以上に、自然資本の多様な価値の発現と展開形態として農業の可能性を認識すべき」と指摘しています。国際レベルの行政や研究者の議論は同制度では、伝統的農業と土地利用、文化、景観、生物多様性の保全の重要性が強調されます。一方で、筆者らが実施した研究では、行政の担当者や生産者は観光業による収入の向上や農林産品の高付加価値化を期待しているケースが多くあります。

実際にこのような期待は、認定の経緯やメリット等について自治体の担当者へヒアリングした結果からも示唆されています。質問項目を決めてヒアリングにて得られたテキストの定量的な分析を行うと、例えば珠洲市では、プレミア、米、価値、交流、人口といった単語の出現頻度が比較的高く、輪島市では、観光、商品、開発といった単語が、認定に関する担当者の語りの中に表れていました（**図2、3**）。図で結びついて登場している単語は、お互いに同じ文章の中で高い頻度で登場したことを示しています。

地域の認定制度に関する既存研究では、白神山地での県同士の対立、屋久島の過剰利用の事例（Ichikawa, 2008）、世界農業遺産に関する論文の特集号（Yiu, 2014; Nakamura et al., 2014; Mi et al., 2014）などはありますが、単一の地域や同一制度内の分析に偏っており、MAB、世界自然遺産、ジオパークの制度を横断的に分析している研究は限られています（Kohsaka & Matsuoka, 2015）。また、制度間の比較は文部科学省等も調査中ですが（**表1**）、現場レベルにまで踏み込んだ研究は限定的です。地域の認定制度を活かした地元産品のブランド化等の戦略に関する取り組みの例としては、坂口ら（２０１５）がジオパークにおける酒造業の事例を考察しています。同事例では、ジ

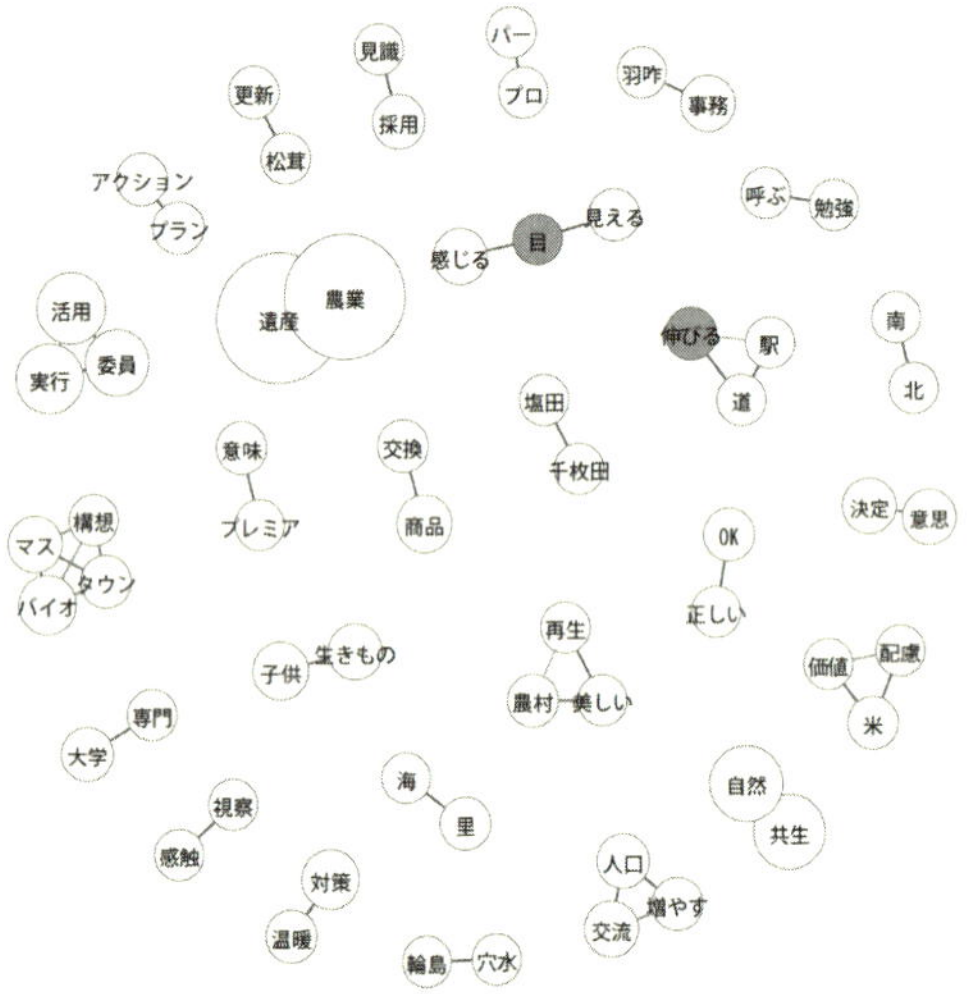

図２　珠洲市へのヒアリング結果（単語の共起ネットワーク）

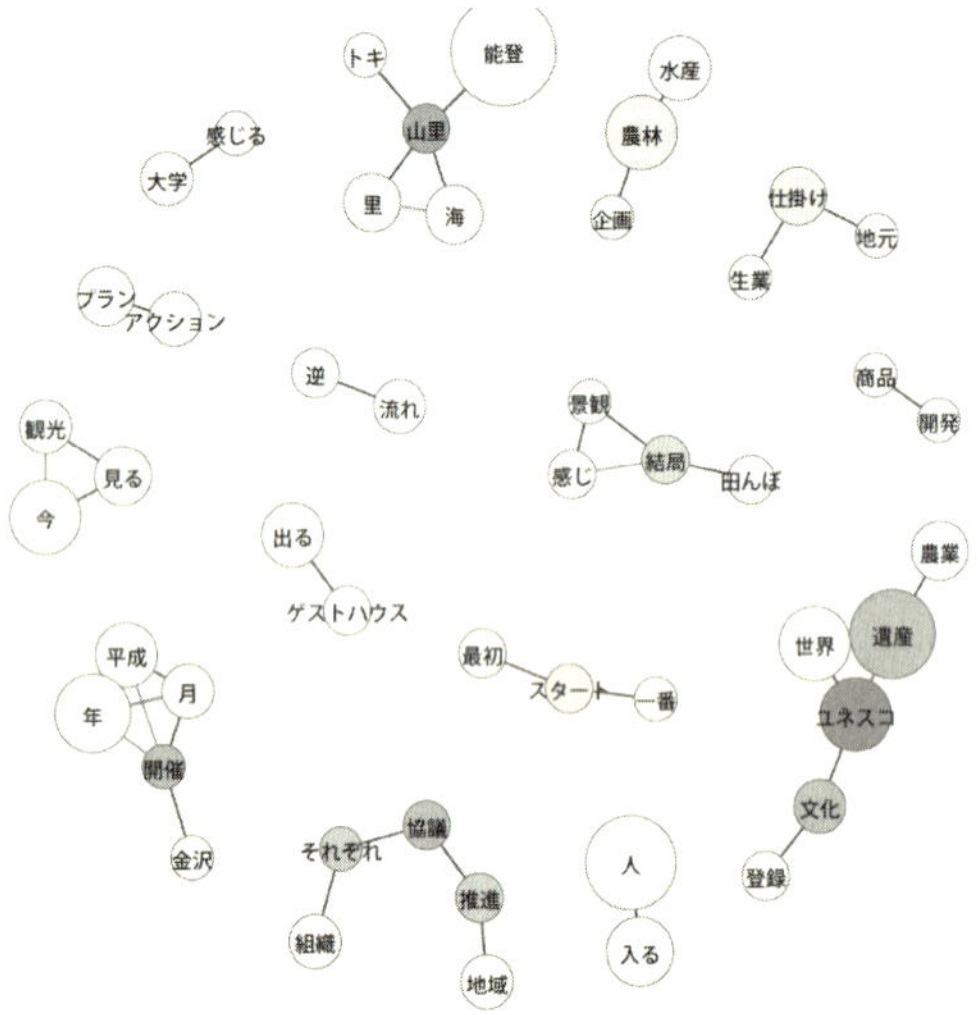

図３　輪島市へのヒアリング結果（単語の共起ネットワーク）

表１　国際的認定制度の概要比較

名称（略称）	ユネスコエコパーク（BR）	世界自然遺産	世界農業遺産（GIAHS）	世界ジオパーク（GEO）※
目的	・生物多様性の保全 ・持続可能な発展との調和等	・普遍的価値をもつ自然地域の保護 ・国際協力体制	・伝統的農法と生物多様性の保全 ・次世代への継承	・地形・地質学的遺産の保護 ・経済、文化等の持続的発展
認定基準	・保全、経済発展等の機能 ・緩衝等地域の有無	・自然、地形等の基準 ・完全性	・食糧・生計の保障 ・生物多様性、文化等の保全	・教育、保護、保存 ・GEOネットワークへの貢献
採択／事業開始	1976年（構想は1971年）	1972年	2002年	2004年
登録数	120カ国 651件（2016年1月現在）	101カ国 229件（2016年1月現在）	15カ国 36件（2016年1月現在）	33カ国 120件（2015年9月現在）
報告	10年に1度	概ね6年に1度	4年に1度再審査	4年に1度再審査
登録地域（国内）	白山、志賀高原、大台ケ原・大峰山、綾、屋久島、只見、南アルプス	知床、小笠原諸島、白神山地、屋久島	佐渡、能登、阿蘇、掛川、国東半島・宇佐、長良川上中流域、みなべ・田辺地域、高千穂郷・椎葉山地域	島原半島、室戸、糸魚川、山陰海岸、洞爺湖有珠山、隠岐、阿蘇、アポイ岳

※世界ジオパークは、2013年度内にユネスコの「支援プログラム」から正式プログラムに格上げ
（文部科学省［2011］を基に作成）

オパークとして認定された地域の歴史を語るジオストーリーに、地域の環境と密接に関連する酒造りを組み込むことによって、地域に根差した産品である酒のイメージを発信するのみならず、人の営みと自然環境の関わりを重視するジオパークの本来の意義を、住民や来訪者を含む関係者と共有するジオストーリーの構築が進められています。また、志賀高原ユネスコエコパークでは、エコパークにおいて生産されたリンゴに関する取り組みがあります（酒井、２０１５）。出荷されるリンゴにエコパークのロゴを掲示し、消費者にエコ

パークである産地を伝え、リンゴのブランドイメージを高めようとする取り組みです。産品の品質基準の統一などに関して課題は多いものの、地域の認定制度を活用した産品のブランド化が行われています。

Ⅲ　調査方法・対象

本研究が対象とするのは、地域密着型の生活協同組合コープいしかわ（以下コープ）です。コープは宅配事業を行っており、設立は１９７６年で組合員数は１３万３，３９９人（２０１５年時点）です。宅配の事前注文であり、もともと安全や環境への意識の高い消費者層となっています。今回、その中のカタログの中でも、地元の産品に特化している高付加価値の媒体「じわもーる」で取り扱っている品目の売上げデータに着目して、分析を行いました。じわもーるは、地産地消を目指し宅配サービスを受けている組合員に配布されているコープ独自の食品カタログです（図４）。北陸で生産、製造される「じわもん」と地元の言葉で呼ばれる産品を中心に集められており、地元ブランド品の分析に適した対象だといえます。

スケジュールとして、じわもーるは毎週発行され、常時15品目程度の野菜を取り扱っています。３ヶ月前に企画を作り、１ヶ月前に去年の実績を参考に価格を決定しています。利用者は40代～50代の人が多くなっています。今回、じわもーるで取り扱っている品目のうち、「農産」という大分

図４　地元の産品に特化している「じわもーる」の写真
生活協同組合コープいしかわ提供

表２　グループ化に使用したキーワード

グループ	キーワード
加賀ブランド	五郎島、加賀れんこん、加賀レンコン、加賀蓮根、加賀太きゅうり、加賀太キュウリ、ヘタ紫なす、ヘタ紫ナス、ヘタ紫茄子、へた紫なす、へた紫ナス、へた紫茄子、金時草、加賀つるまめ、加賀つるマメ、加賀つる豆、加賀ツルマメ、加賀ツルまめ、加賀ツル豆、打木赤皮甘栗かぼちゃ、打木赤皮甘栗カボチャ、打木赤皮甘栗南瓜、源助だいこん、源助ダイコン、源助大根、金沢一本太ねぎ、金沢一本太ネギ、二塚からしな、二塚からし菜、赤ずいき、あかずいき、赤芋茎、あか芋茎、くわい、金沢春菊、(他と区別できない「たけのこ」は除外)
能登ブランド	中島菜、沢野ごぼう、沢野ゴボウ、金糸瓜、金糸うり、神子原くわい、神子原クワイ、小菊かぼちゃ、小菊カボチャ、小菊南瓜、かもうり、能登かぼちゃ、能登カボチャ、能登南瓜、能登赤土馬鈴薯、能登山菜、能登白ねぎ、能登白ネギ、能登すいか、能登スイカ、能登西瓜、能登金時、能登ミニトマト
加賀地名	金沢、小松、加賀、白山、能美、野々市、かほく、河北、川北、内灘、津幡
能登地名	羽咋、宝達志水、志賀、七尾、中能登、鹿島、輪島、珠洲、穴水、鳳珠、能登

たけのこは他の産地のものと品名で区別が付けられないので除外しました。能登ブランドは能登伝統野菜と能登特産野菜の品目をキーワードとして選択しました。加賀ブランド野菜と能登ブランド野菜では漢字、ひらがな、カタカナ表記のキーワードを加えました。加賀地名と能登地名では、各地方の市町村郡名をキーワードとしました。

類に分類される品目（農産品）を対象に分析を行いました。集計期間は、２０１０年４月～２０１４年３月までの４年間です。本章で注目している世界農業遺産に能登は２０１１年６月に登録されていますから、ちょうど世界農業遺産に登録された前後の価格の変化をとらえていることとなります。

じわもーるで取り扱っている全品目数は、５，１５３（２０１０年）、７，９０９（２０１１年）、８，４１４（２０１２年）、８，０２５（２０１３年）と推移しています。[1] このデータの中での野菜の数量と価格を中心としたデータの分析に加え、コープのじわもーるを担当する方へのヒアリングも行いました。具体的には、能登の世界農業遺産登録がブランド産品や地域名が入った産品に与えた影響を見るため分析を行うにあたり、大分類（中分類）が「農産」に分類される品目を「加賀ブランド野菜」（加賀ブランド野菜の名称が品名に含まれているもの）、「能登ブランド野菜」（能登ブランド野菜の名称が品名に含まれているもの）、「加賀地名」（加賀地方の地名が品名に含まれているもの）、「能登地名」（能登地方の地名が品名に含まれているもの）、「その他」（前述のグループに属さなかったもの）の5つのグループに分けました。地名はブランドよりも広く、ブランドには登録がなされていなくとも、「加賀産タマネギ」といった、説明や商品名に地名が含まれた作物を含んでいます。

その5つのグループを対象として、取り扱われている品目数、価格（税抜）での時系列での集計を行いました。ここでの品目数とは、じわもーるで取り扱われた回数を指します。例えば、Aと呼称された商品が年に4回じわもーるで取り扱われた（掲載された）場合、その年のAの品目数は4となります。グループ化する際に使用したキーワードを**表2**に示します。加賀ブランド野菜では、基本的に加賀伝統野菜15品目をキーワードとして選択しました。

Ⅳ　調査結果

図5に各グループの品目数の推移を示します。まず全体の総量ですが、２０１１年度に農産物全

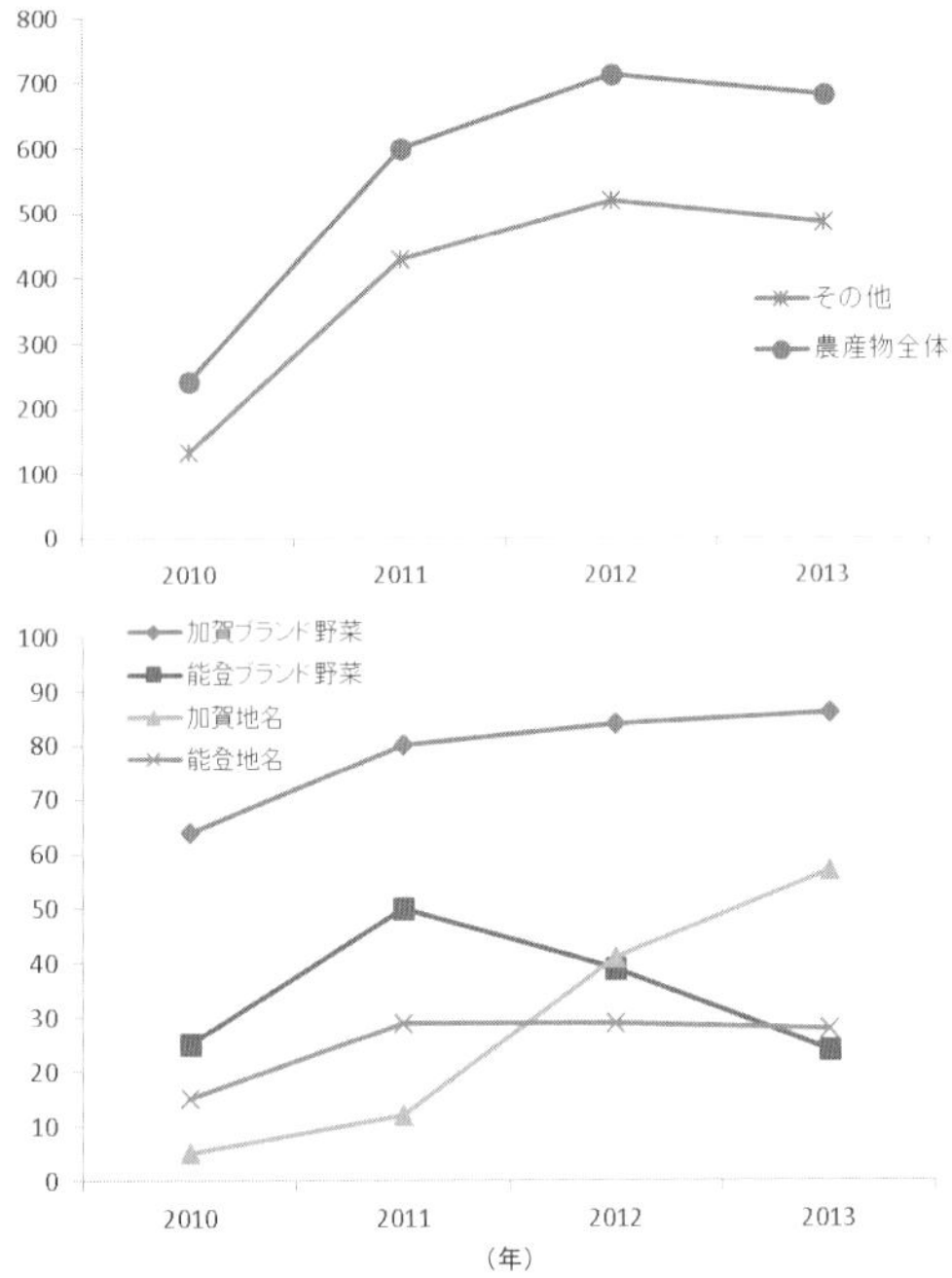

図５　品目数の推移（2010～2013年）

体の取り扱い数が2倍以上に急増しその後は横ばいとなっています。これは、２０１１年６月からじわもーるのページ数が４ページから８ページに増え、農産品の取り扱いも5品から15品へと増えたためですので、認定等とは関係なく、外部的な要因です。

　加賀ブランド野菜については従来のトレンドから取り扱い数が多く、２０１１年でもその他に比べその増加割合は低いものの、年々微増傾向にあります。加賀ブランド野菜は、生産者団体、ＪＡ、石川県の取り組みにより認知度が高まってきており、特に、「五郎島さつまいも」と「加賀れんこん」

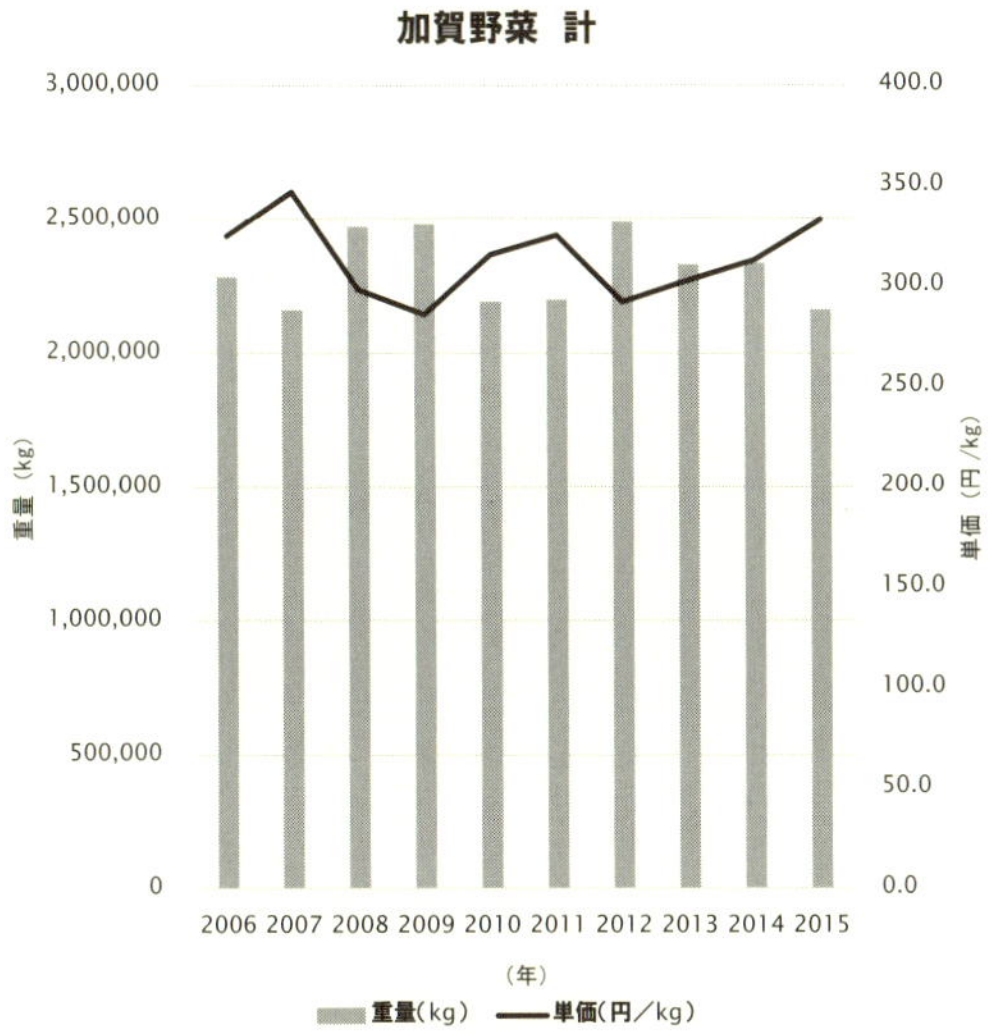

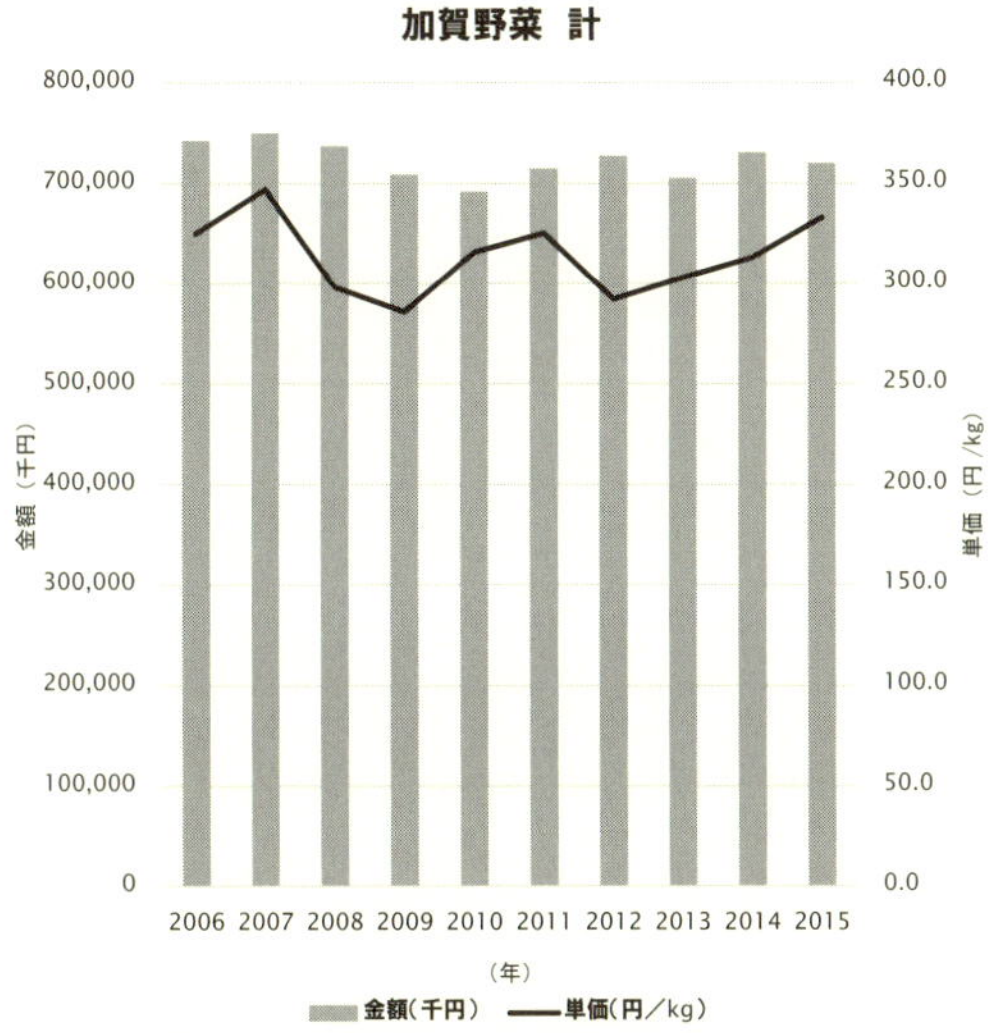

図６ 「加賀野菜」の金沢市中央卸売市場における取扱実績（2006～2015年）
丸果石川中央青果株式会社提供

の取り扱い数が伸びています。じわもーる担当者によりますと、味・品質が安定していて消費者の評価が高いことが背景にあるとのことです。実際、市場で取り引きされている「加賀野菜」[2]の最近10年間の動向も安定しています（図6）。各年の取扱実績における重量、金額のそれぞれの合計、単価について、大きな変動はみられません。特に単価については、2012年以降は微増傾向にあります。

能登ブランド野菜は2011年に2倍ほど増加しましたが、その後は減少傾向にあります。加賀地名は年々増加傾向にあります。この要因として、加賀地区で栽培される野菜は種類が豊富で量的・品質的に安定しており、加賀地区を産地として抱える仲卸業者との取引が増えたことが大きな要因として挙げられます。能登地名は2011年の増加以降横ばいです。自治体がブランド化に関与し普及推進が図られている能登ブランド野菜は減少しています。コープの担当者へのヒアリングより、能登からの物流便が少なく流通コストを価格に上乗せすると割高になりやすいので、供給側であるコープが取り扱いにくいという現状が明らかとなりました。能登半島の有料道路が2013年3月より無料化されていますが、それでも、やはり長距離による輸送コストなどの影響は残っているのが実情です。

では、具体的に能登地名の内訳を見てみますと、企業参入F社の影響が読み取れます。企業が設立した農業法人により安定供給体制を整えられた品目が多くあります。もともとは、揚げ物やカニかまぼこを生産していた、地場の中堅企業の本体が2007年に石川県内の農業への企業参入の第

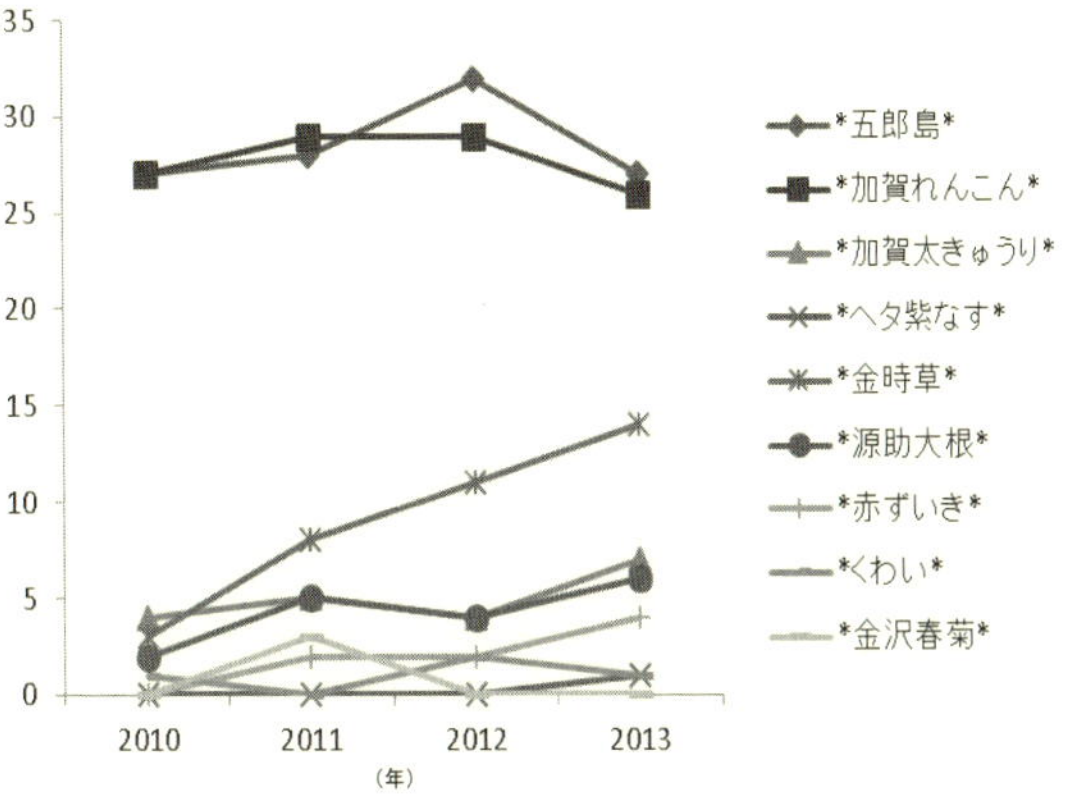

図7　加賀ブランド野菜の品目数の推移（2010～2013年）

1号として参入し、2012年に本体とは別の農業生産法人F社になっています。石田（2015）が企業の農業参入を5つに類型化していますが、その中で、まずは農地をリース方式で参入して、その後農業生産法人を設置したという2つのパターンにまたがる参入形態になっています。能登半島エリアを中心として能登島からスタートし、現在では穴水地域にも拡大し、生産するタマネギ、ニンジンといった作物の流通量がコープにおける品目数に具体的な影響を及ぼしていることが分かります。特に登録されたブランド野菜ではないものの、「能登雪下にんじん」といったストーリー性のあるネーミングと、企業による農業参入で安定した供給体制が確立されていることなどが品目数の増加に結び付いているというのが、コープやじわもーる担当者の分析です。本章では詳細は省きますが、F社では、能登のブランド野菜を含めて、野菜をペースト状にした冷凍の加工食品や直販店、レストランの運営などの展開を開始しており、六次産業化を

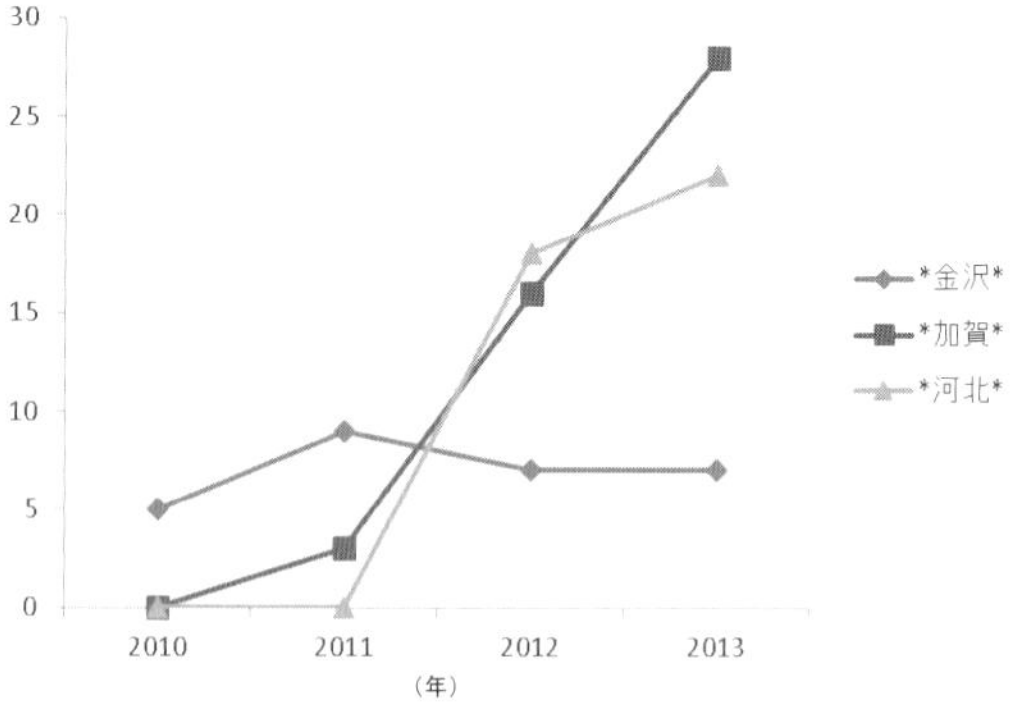

図８　加賀地名の品目数の推移（2010〜2013年）

進めています。設立の経緯などについては、冨吉・香坂（２０１４）を参照ください。

次に、グループごとに**表２**のキーワードが入った品目ごとの品目数の推移に着目します。**図７**に加賀ブランド野菜ごとの品目数の推移を示します。多くの品目は横ばいの推移です。五郎島金時と加賀れんこんは品目数が多く安定して推移しています。特に、金時草は増加傾向にあります。

宅配事業で取り扱う野菜には向き不向きがあります。消費者に農産品が届くまでの流れは、収穫（１日目）、物流センター納品・仕分け（2、３日目）、組合員お届け（３、４日目）となります。そのため、軟弱野菜の扱いに制約があり、量的・品質的に安定しないものは企画（カタログへの掲載）から外されていきます。また、企画してみて利用が少ない（需要がない）と判断されたものは、企画から外されていきます。逆に、利用が多かったものは次年度から企画頻度が増やされます。そのため、軟弱野菜でなく量的・品質的に安定している五郎島金時と加賀れんこんの品目数は安定していま

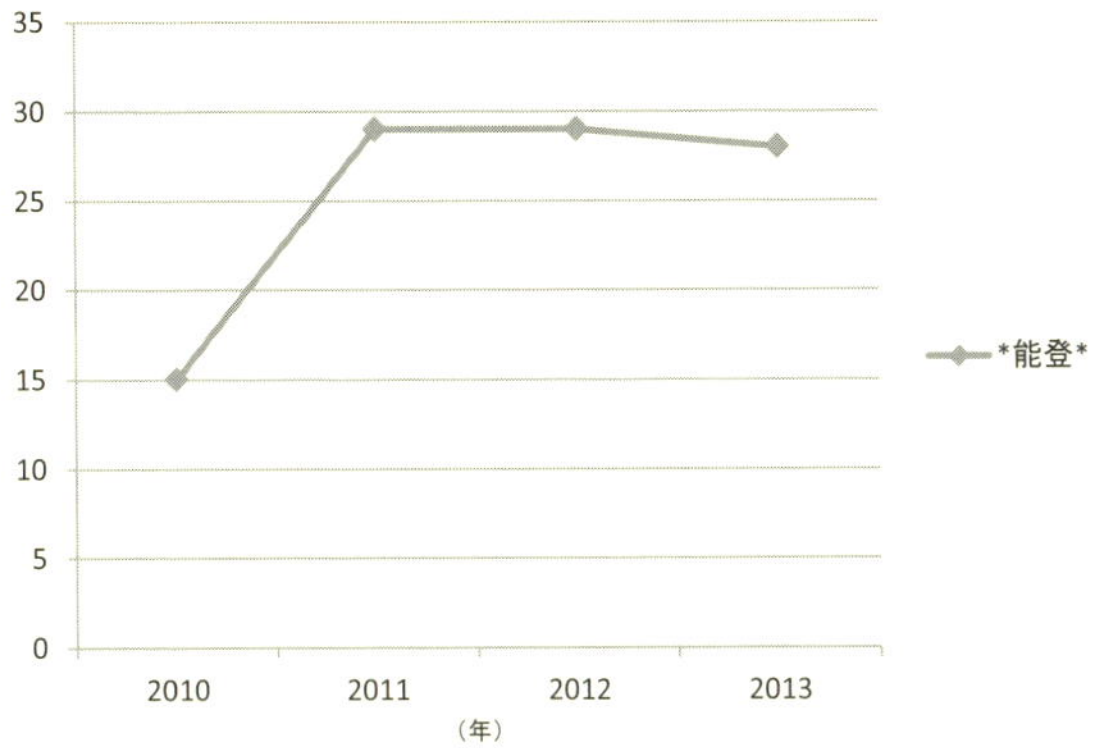

図９　能登地名の品目数の推移（2010 ～ 2013 年）

す。金時草は近年その健康への効果から注目が集まっており、他の加賀ブランド野菜に比べ消費者の認知度と需要が高くなってきているため伸びています。

図８に加賀地名ごとの品目数の推移を示します。加賀地名のキーワード検索に引っかかった地名は金沢、加賀、河北の３つです。金沢は横ばいで、加賀、河北は増加しています。これについて、小売り、卸売、生産者というサプライチェーンの中の誰の戦略が影響しているのか、または消費者による影響なのかヒアリングを行ったところ、供給側（コープ）が欲しいと思う野菜（組合員の支持が高い野菜）を加賀や河北で調達できた仲卸業者や帳合業者の戦略が大きく影響しているとのことでした。

図９に能登地名の品目数の推移を示します。能登地名のキーワード検索に引っかかった地名は能登だけでした。２０１１年度に増えて以降、ほぼ横ばいです。ヒアリングから、能登の地域やＪＡなどを限定した野菜を企画すれば、希少価値があり付加価値となりますが、量的に不安がある

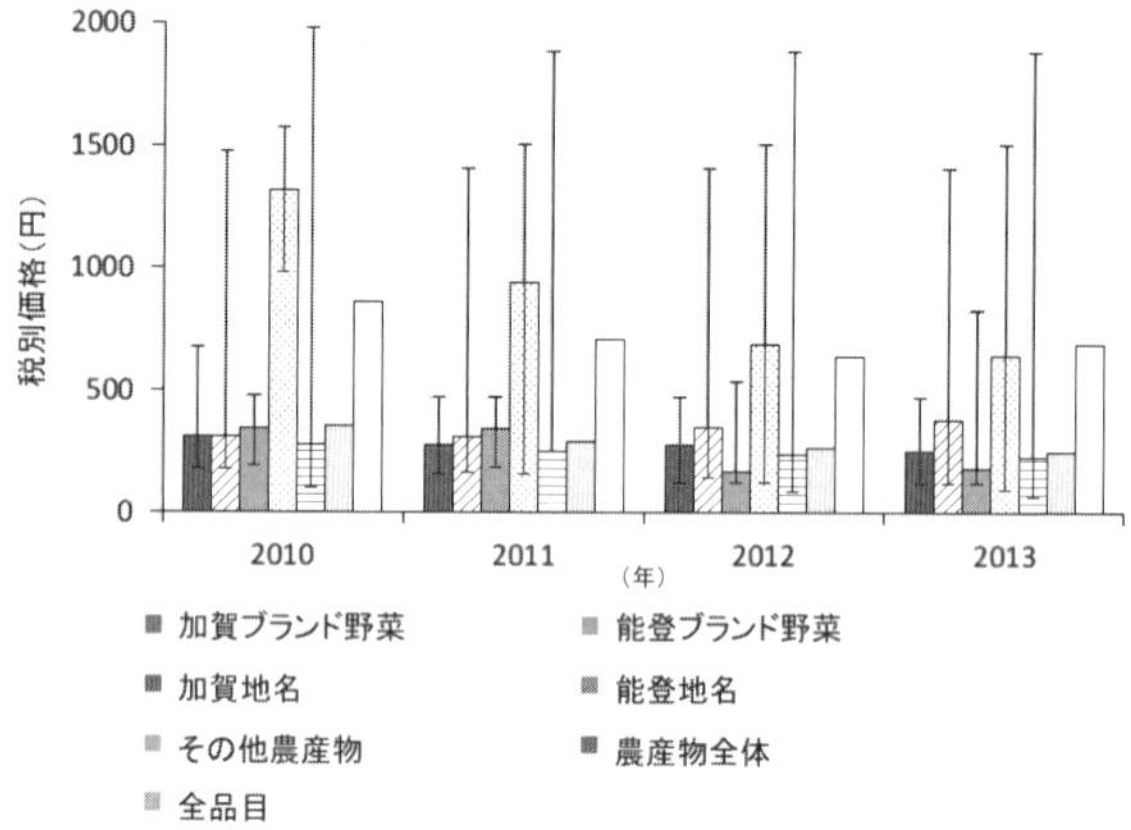

図 10　各グループの販売価格の平均値の推移（2010 ～ 2013 年）
（エラーバーは最大と最小である）

場合はリスクとなるので避けてしまうということが聞かれました。具体的には、コープではカタログに収穫エリアを記載していますが、記載したエリアで調達できなかった場合はトラブル扱いとなり、組合員にお詫びの発行が必要となります。宅配事業では、通常の店舗販売と違い消費者が実物を見てから買わないため、商品に対する消費者との信頼関係が重要となります。従って、量・品質が安定しないものはこの信頼を崩すリスクがあるため取り扱いにくいのです。量的に不安がある場合は、表示する地域をより広い地域へ拡大しリスクを低減しています（例えば、七尾市産を能登産または石川県産と記載）。徐々に仲卸業者などが能登の若手生産者を組織して、量的・品質的に安定した野菜の出荷が増えてきており、「能登のほうれん草」などの取り扱いは増える傾向にあります。このグループに含まれる「能登町の冷凍ブルーベリー」は冷凍品での販売とすることで、また既述のように「能登雪下にんじん」は企業による農業参入で安定した供給体制が確立されているため、人気の商品となっています。

図10に各グループ、農産品全体とじわもーる全体の平均価格の推移を示します。加賀と能登のブランド野菜やその他の農産は安定した推移です。一方で、能登地名の平均価格は2011年度以降低下して推移しています。能登地名の平均価格は他のグループに比べ高いのは、サンプル数が少ない能登地名にすいかやブルーベリーなどの単価が高い品目が占める割合が高いためです。これより、2011年の能登の世界農業遺産認定が能登ブランド野菜や能登地名の商品にプレミアを付与する経済的波及効果を与えていないことが示唆されました。供給側へのヒアリングでも、この認定を商品の宣伝等には利用していませんでした。

以上、コープのじわもーるのデータを分析し、コープの担当者にヒアリングを行った結果をまとめています。結果として、2011年に能登が世界農業遺産に認定されたことによる能登の農産品のプレミアの向上や需要の増加といった経済的な波及効果がほとんど見られませんでした。

今回対象とした宅配事業形態では実物を見てからの商品の購入ではないため消費者との信頼関係が重要であり、その信頼へのリスクから量・品質の安定しない農産品を避ける傾向が見られました。そのため、五郎島金時や加賀れんこん等の流通が安定しているブランド品の取り扱いが多く、能登ブランド品の取り扱いは流通が不安定なため取り扱いが少なくなりました。「能登町の冷凍ブルーベリー」や「能登雪下にんじん」のように提供形態や生産主体等の独自の工夫で安定供給を図っているものは伸びていました。

Ⅴ　まとめに代えて

本章のタイトルでもある、「遺産に関わる国際認定制度は産地にメリットがあるのか」あるいは、「地元を豊かにしているのか」という仮説に対して、世界農業遺産の一サイトである能登半島の農産品の事例を中心に分析をしました。結果、短期的で県内を中心とした宅配式の産品という限定的な分析ながら、農産品の価格や品目数では認定登録による、「認定エリア内での農産品の価格上昇」や「取り扱い品目数の増加」といった影響は出ていませんでした。

繰り返しますが、短期的で、エリアもプロファイルもかなり限定的な購買層での分析という限界はありますが、世界農業遺産の認定を契機として、農産品の狭義の経済的な効果は見られませんでした。これが長期の場合は異なるかもしれません。緩やかな上昇となるのか、あるいは価格競争に巻き込まれないで他の産品と比べて現状維持や緩やかな下落となるような要素となるのかもしれませんが、観光客などが一般的に登録後は減少する傾向などを考えると、認定後に時間をかけて、農産品の価格に効果が現れるというのは、よほどの関係者の努力がない限りは現実的ではないかもしれません。そもそも認定についても行政主導であった経緯があること、制度の本来の趣旨は農産品や観光客を主眼とせずに伝統的な農業やその継承に重きがあることなどから、認定を受けた地元の自治体の関係者が受け身で認定の効果を享受しようとする地元の意識や姿勢の改革が必要となるかもしれません。

さて、農産品の取り扱い品目や価格で、むしろ影響があったのは、本書全体のテーマでもある六次産業化です。具体的には、能登半島におけるF社による企業による農業参入の影響の方が大きく、取り扱い品目数などに大きな影響を及ぼしていました。

世界農業遺産という認定により、農産品そのものの価格の上昇や取り扱いの品目数の増加が見込めないとすると、事業者を含む多様なセクターの連携、加工品、流通や体験農場などのサービス業を含む業界との連携は欠かせません。同時に、企業が進出さえすれば地元が潤う、農産品の取り扱い品目が単純に増えるわけでもないことには注意が必要です。

本章ではF社の進出について、詳しくは述べませんでしたが、当初は地元の農業関係者が「産品が競合するのではないか」といった懸念をもった時期もあったようです。しかし、地元の活動への参加や説明を通して、信頼関係を構築していきました。企業とはいえ、素人集団が参入している実状があり、逆に地元の農業従事者がやり方をアドバイスしたり、F社の産品が足りなくなった際には融通してもらうことで欠品を避けたりといった協力関係もあるようです。F社が比較的成功しているることを受け、現在でも農地利用の契約の新規契約、更新などでも課題はあるようです。年代別にも30~50歳代の男性は比較的柔軟であるのに対して、やはり高齢になると懸念を示すなど、年代やプロフィールごとに丁寧に対応する必要性があるケースもあるようです。認定を活かし、六次産業化と農産品の高付加価値化を促すためには、地道ながら事業者サイドと地元の農業従事者がきめ細かい関係性を築いていけるかどうかも鍵となります。

謝辞

本稿は、２０１５年10月12～16日にソウル国立大学等の主催によるIUFRO会合Linking Ecosystem Services to Livelihood of Local Communities（OECD Co-operative Research Programme 助成会議）の発表を改定したものになっています。また、２０１５年3月27日に開催された第１２６回日本森林学会大会・テーマ別・企画シンポジウム（T12）「国際認定は地元を豊かにしたのか―世界自然遺産、エコパーク、世界農業遺産、ジオパークの定量・定性的分析事例から―」においても発表をし、参加者やパネリストから数多くの有益なコメントをいただきました。方法論のテキストマイニングでは、松岡光氏にご助言いただきました。生活協同組合コープいしかわには「じわもーる」を中心とした貴重なデータや知見を提供いただきました。担当いただいた脇坂喜文様、豊田保様、長谷川隆史理事長にご助言、ご配慮いただきました。この場を借りて御礼申し上げます。

本研究は、科研（基盤C）「生物多様性に関わる国際認定制度を活用した地方自治体の戦略の定量的比較分析」（課題番号２６３６００６２）並びに平成25年度環境省環境研究総合推進費の採択課題１－１３０３「生態系サービスのシナジーとトレードオフ評価とローカルガバナンスの構築」

の一環として実施されました。

注

[1] コープでは品目の大分類として、農産、水産、畜産、日配、食品、家庭用品、中分類として、たまご、飲料、菓子、牛乳、酒、食品、水産、畜産、日配、農産、米、冷食を用いています。さらに、大分類の農産には、果菜、果物、菌茸、根菜、水物、農産加工、葉菜という小分類があります。ここで、大分類の「農産」の中には、中分類が「農産」のものしか存在せず、中分類が「農産」のものは大分類が「農産」の中にしか存在しません（つまり、大分類の「農産」＝中分類の「農産」ということになります）。ただし、取り扱われたデータで頻度について、特異的なデータであるルビーロマンと小分類の「その他」を除外しました。

[2] 昭和20年以前より栽培がなされ、現在も主に金沢で栽培されている野菜である「加賀野菜」は次の15品目が含まれる。加賀れんこん、源助だいこん、さつまいも（五郎島金時）、金沢一本太ねぎ、せり、二塚からしな、くわい、たけのこ、加賀太きゅうり、金沢春菊、金時草、打木赤皮甘栗かぼちゃ、ヘタ紫なす、加賀つるまめ、赤ずいき。

参考文献

石田一喜（２０１５）「企業参入と地域の農業　制度的変遷・現状と展望」『農業への企業参入新たな挑戦』ミネルヴァ書房、1–76。

古沢広祐（２０１５）「環境と農業の新たな可能性　食・農・環境をめぐる世界と日本」『環境と共生する「農」　有機農法・自然栽培・冬期湛水農法』ミネルヴァ書房、1–86。

冨吉満之・香坂玲（２０１４）『農業参入企業および営農集団による耕作放棄地の解消を通じたローカル・ガバナンスの再構築—石川県七尾市能登島の事例から』環境共生、日本環境共生学会、25、54–61。

坂口豪・飯塚遼・菊地俊夫（２０１５）『ジオパークにおける酒造業を取り込んだジオストーリーの構築：糸魚川ジオパークを事例にして』観光科学研究、8、１１５–１２３。

酒井義之（２０１５）「志賀高原ユネスコエコパークと産地保護」香坂玲編著『農林漁業の産地ブランド戦略—地理的表示を活用した地域再生—』ぎょうせい、24–25。

Ichikawa, F. (2008) Current status of challenges and ecotourism after World Heritage in Yakushima. The Earth Environment. 13: 61–70.

Yiu, E. (2014) Noto peninsula after GIAHS designation: Conservation and revitalization efforts of Noto's satoyama and satoumi.

Journal of Resources and Ecology, 5: 364–369.
Nakamura, S., Tsuge, T., Okubo, S., Takeuchi, K. & Nishikawa, U. (2014) Exploring factors affecting farmers' implementation of wildlife-friendly farming on Sado Island, Japan. Journal of Resources and Ecology, 5: 370–380.
Mi, T., Qingwen, M., Hui, T., Zheng, Y., Lu, H. & Fei, L. (2014) Progress and prospects in tourism research on agricultural heritage sites. Journal of Resources and Ecology, 5: 381–389.
Kohsaka, R. & Matsuoka, H. (2015) Analysis of Japanese Municipalities With Geopark, MAB, and GIAHS Certification. SAGE Open, 5(4): 1–10.

2 深化する六次産業化戦略
―生産・加工・販売、それぞれのアプローチと連携―

追手門学院大学経営学部専任講師　葉山　幹恭

Ⅰ　はじめに

六次産業化という言葉が一般化しつつある昨今、この農家による多角化である取り組みは、補助金の交付や社会的注目も手伝い、農家が所得を得るモデルのひとつとして期待をされる存在になっています。もともとは生産を行う農家自身が加工・販売という付加価値の向上を目指し取り組む活動でしたが、現在では農家が地域の食品加工メーカーと共同で六次産業化に取り組むケースが増加しています。また、広く六次産業化というものを農産物の生産・加工・販売を一体化して行うととらえた場合、加工業者がその取り組みを進めているケースや販売業者が進めているケースなど、これまでの取り組みとは異なる存在が散見できるようになってきました。こういった存在によって六次産業化は、その中で生まれる商品も日ごとに高度化し、それとともに消費者から求められる要求も高まることが予測されます。

市場が広がれば新規参入が増えるということは当然のことで、参入者が増えることで農業にとってもプラス要因となるのですが、商品が高度化するということは六次産業化の生産、加工、販売という3つの要素のそれぞれが高度化しなければ、生き残っていくことが困難になってしまうということにもなります。

こういった点から、農家が持続可能な六次産業化を行うためには、経営資源を補完し生産、加工、販売のそれぞれを高度化できる組織を形成することが今後のキーポイントになってくると思われます。本章では、六次産業化を経営戦略論の観点でとらえるとともに、それを参考に今後の六次産業化において必要なものとは何かということを考えていきたいと思います。

Ⅱ　農業の多角化

❶なぜ今、農業で多角化の必要性を考えるのか

担い手不足、高齢化、不安定で低い所得など、農業における現在とこれからの課題を考えれば、乗り越えなければならない問題が多くあります。過去の転換点から考えれば、1960年代から加速した機械化によって特に畜産業では**図1**のように生産性の向上が劇的に進み、畜産農家の所得と

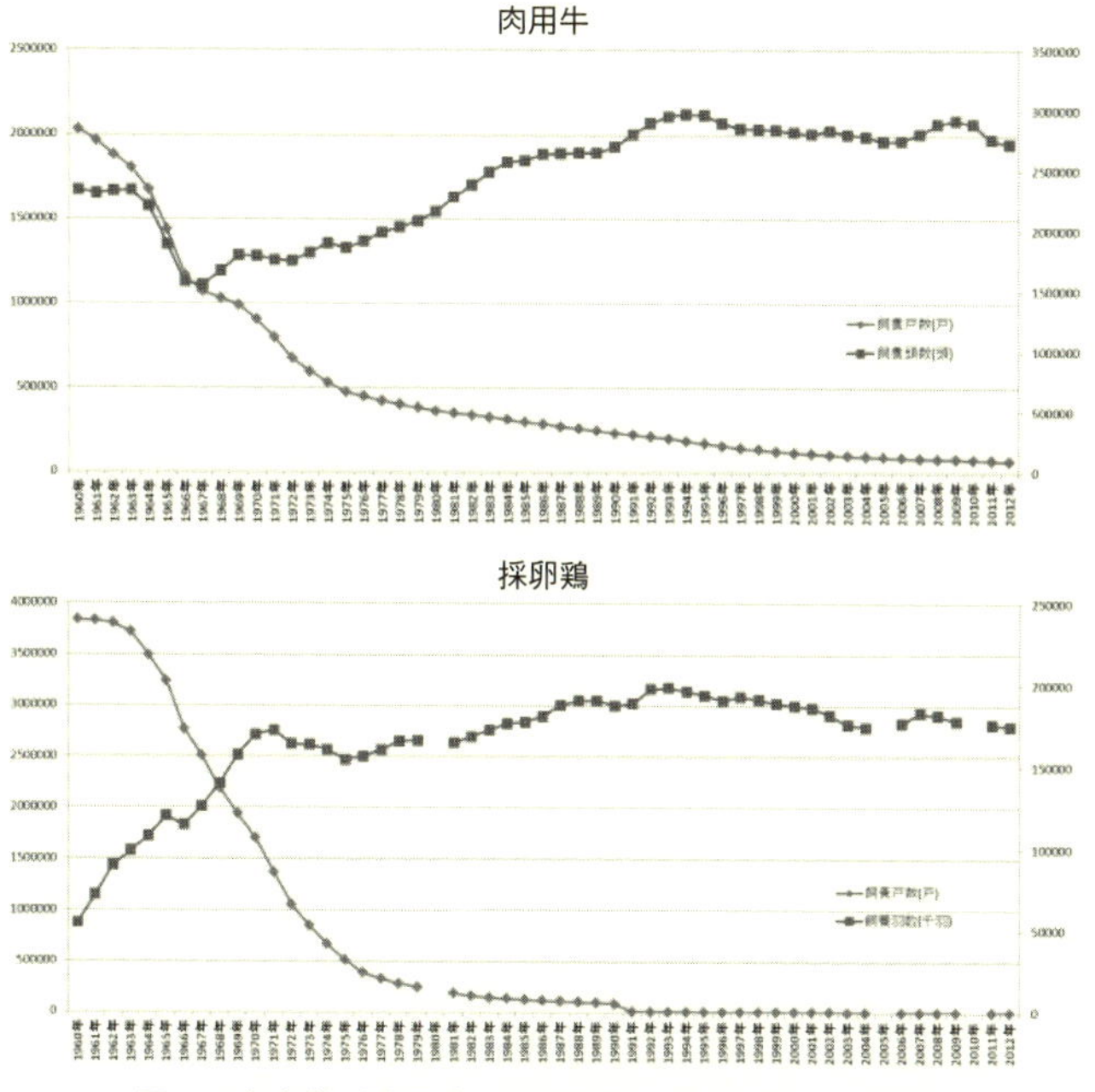

図１　畜産業（肉用牛・採卵鶏）の農家戸数と飼養数
出典：農林水産省「畜産統計」

畜産物の供給の向上に大きく寄与しました。また、１９９０年代からは農産物のブランド化の取り組みが盛んとなり、より地域の特徴などの魅力が感じられる農産物の生産を行うことで、農産物のブランド価値、そして地域のブランド価値につながっていきます。そして、近年では農産物の直売所の存在がクローズアップされ、農業従事者が生産した農作物を直接、販売する場所に持ち込むという生産者と消費者の距離が近いスタイルが増加し、双方にメリットをもたらす形として広がりを見せています。

　このように、農業従事者および

表１　アンゾフの成長マトリックス（成長ベクトル）

		製品	
		既存	新規
市場	既存	市場浸透戦略	製品開発戦略
	新規	市場開発戦略	多角化戦略

出典：H.I. アンゾフ著、中村元一訳『新装版　戦略経営論〔新訳〕』

農業に関連する人々は農業の課題解決につながる取り組みを行い、日本における農業や食料自給率の向上のために努力を行っているわけですが、このような種々の取り組みを実施しても所得を十分に得ることができる現状をつくるに至っていないのが現状です。

農業にはさまざまな作物があり、それぞれの作物で経営環境や経営状況は千差万別です。農産物の生産のみで十分な付加価値や競争力を持っているため、わざわざリスクの高い挑戦をする必要がないという農家の方もいるでしょう。しかし、全体から見ればそのような状況にあるのは少数ですので、農業全体の課題として所得を得る方法を考えていく必要があります。

そこで、冒頭でも述べましたが、「多角化（複数の異なる事業を展開すること）」という農業事業者の新たな事業展開によって、農産物だけの価値で所得を得るという考えではなく、農産物という強みを活かした上で、さらに付加価値を高めることを考えていく必要性が生まれるわけです（表1）。

❷ 低付加価値産業であること

農業の根本的な問題はやはり低付加価値産業であるという点です。農業自体でその解決をするならば、薄利であっても多売によって利益を生み出そうとする大量生産という方向性。そして、商品自体の希少性や特徴などを前面に押し出したブランド戦略という方向性。こういったことが考えられますが、これらは、先述のように過去の取り組みとしてすでに行われていることで、現状を考えればやはり低付加価値産業を根本的に解決する方法ではありません。

根本の解決を図るとなると第一次産業だけにとらわれることがない。また、一部の大規模農業を展開する事業者の生産の効率化によって達成されるような工業型農業化というものではなく、従事する人間が安定した所得を得て事業が継続的に運営できるようなモデルを検討する必要があります。そのひとつの方法として考えられるのが多角化なのです。

Ⅲ　六次産業化法の成果と課題

1 六次産業化の成果

① スタートアップ支援としての役割

六次産業化の成果としてまず挙げることができるのは、新規事業を展開する際のハードルを引き下げたことです。新規に事業を開始するとなると、どんな事業であっても大きなハードルがいくつも存在する状況にあるのが普通です。たとえそれが商品や市場で関連する事業であったとしても、例外ではありません。農業から加工・販売を行うには、規模の差はあっても設備投資や製造にかかわる知識・技能、またはそれを有する人材などが必要になるため、農業で儲けが出ず改善が必要な状況であっても、簡単には始めることができません。また、儲けが出ていない状況であるからこそ、新たな展開の必要性を感じながらも、それに取り掛かれないというジレンマに陥っているケースもあるでしょう。そういった場合に、制度を利用して六次産業化という農業の多角化へチャレンジするハードルを引き下げる効果は高いのです。

六次産業化法で支援されるのは設備投資に対する支援、具体的には「事業費の2分の1以内、補助の上限額は1億円」という内容であり、この制度によって事業をスタートすることの負担軽減に相当な影響をもたらします。また、六次産業化法では各都道府県に六次産業化サポートセンターおよび六次産業化プランナーという六次産業に取り組もうとする人々を投資以外でも支援する体制がとられているため、これまで農業以外の事業に取り組んだことのない方でもチャレンジしやすい環境になっています。

こういった支援体制は、ベンチャー企業の起業に対する支援でも見られ、経験のない状態をサポートすることによって将来に活躍する企業・人材の育成へとつながっています。

②農家の意識改革への影響

次に成果として挙げるのは、農家は農産物の生産を担う職業であるという固定した概念を払拭する効果です。農業において生産者という言葉が定着していることが、生産だけを担うものという固定概念の表れだと思います。もちろん生産者という言葉自体や農業を担われている方々が悪いわけではなく、世界から注目されるような農産品を生産する生産者の方々がいることは周知の通りです。問題は、農産品の生産だけでは収益が上がらない状況が多く存在するにもかかわらず、農家は農産品を生産するだけであるとの考えが固定化していることです。

このような仕事の役割の固定化ということは農業だけではなく、他の産業でも存在します。それは、中小企業が親会社から注文された製品をつくり納品するという固定化した役割の〝下請け〟とよく似ています。この下請けに関しては後述しますが、生産だけをするものであるとの認識が農業には存在し、その認識が農業だけで所得を得にくい構造の一因となっているのではないでしょうか。農業は先述しているように第一次産業の低付加価値産業です。現在の日本で小規模かつ一般的な農産物を生産するだけの経営では状況は厳しいだけです。厳しい環境で農業を継続していくためには状況を変える取り組みが必要であり、まず必要なのは担い手である農家の意識を変えることです。それに対してこのような六次産業化に対する支援は一部の農家において意識改革の一因になったことは大きな成果であるといえます。

③ 農業の自立と独立

中小企業も同様の役割の固定化として〝下請け〟の存在を述べましたが、ここでは、中小企業の中でこの問題がどのように考えられるのかということを参考にして、その解決策を考えています。

結論から述べますと、状況を変えるためには、多くの中小企業がその存在意義としていた発注元との関係を見直す〝自立〟と〝独立〟という道を基本として考えるということです。

自立は、親会社から発注を受け、注文通りの製品を納める存在から脱却し、自ら商品の企画や販路開拓を行うことで親会社からの注文に頼るだけではなく、他社からも注文があり、自立した運営が行える状況をつくり出すという道です。

そして独立は、大手メーカーや一般向けの〝部品〟をつくるだけの存在ではなく、自社で製造している部品やこれまで培ってきた技術・ノウハウ等を活かして、ひとつの完成した商品として販売ができるように展開する道です。

下請けという存在は、安定した注文によって守られているというイメージがある人もいるかもしれません。実際に、日本経済が好調であった時には、親会社の希望に合わせてどれだけ製造量を増やすことができるかという問題があるほどに、売り先があるかどうかといった心配とは無縁の存在であった時期も存在します。しかし現在では、親会社が国内での製造をやめて海外移転するなどといったことで頼りにしてきた存在自体がなくなってしまい、路頭に迷うといったことがあるのが現実です。

では、農業ではどうでしょうか。農業従事者にとってもこの自立と独立に関することは身近なものとしてとらえる人が多いと思います。

ひとつには、自立の問題で述べたことと同様で、生産した農産物を相場通りの価格で決まったところに卸すという、農家としては最も基本となる収益を得る形です。中小企業のように取引できなくなるといった状況は農業の場合は考えにくいですが、自身によって開拓された販路ではなく決まったひとつのところに依存する形はよく似ているものがあります。

そしてもうひとつは、独立と同様に農産物が部品のように原材料としてのみ提供がなされている状況です。農産物は原材料でもありながら組み合わせることがなくともそれそのもので完成された商品でもありますので、部品とは少し状況が異なります。しかし、部品も農産物も原材料として高い価値を持っていたとしても、それだけで有することができる価値には限度があるということは同じです。より高い価値を有し消費者に提供するためには、六次産業化のように原材料を活かし付加価値をつけて消費者に提供できる商品が必要になりますので、六次産業化が農家の自立と独立の道をつくり出す存在であることが成果としてとらえることができます。

2 六次産業化法の課題

① 越えられぬリスクの壁

2011年の5月から開始された総合化事業計画の認定で認定された件数は**図2**のように認定開始以来順調な伸びを見せ、2016年1月14日時点での合計が2,130件にのぼっています。農業を継続できる事業にという強い思いを持ち、加工・販売へと向かう姿勢が感じられる数値ではありますが、詳細を見ると表面的には見えない課題も見受けられます。それが越えられぬリスクの壁

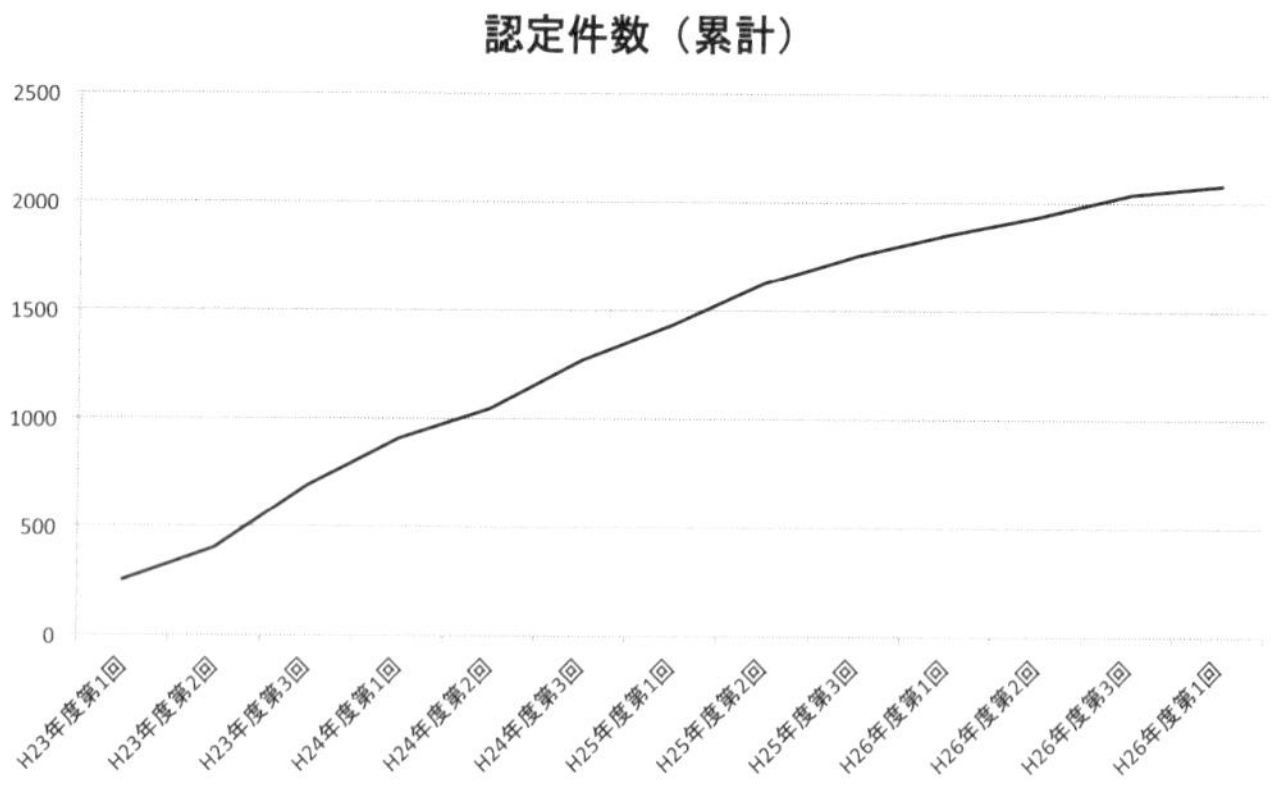

図２　総合化事業計画の認定数
出典：農林水産省「認定事業計画一覧」

です。

農家がこれまで行ってこなかった新たな取り組みにチャレンジする六次産業化には、当然ですが大なり小なりリスクが伴います。ベンチャー企業に投資するベンチャーキャピタルまたは個人投資家が「投資した10社中1社成功する企業があれば」というような話がよく話題として上がります。新しい取り組みの程度によりリスクの幅が変化しますが、これまでやってきたこととは異なる異業種が行ってきたことに取り組む六次産業化がリスクを高める要因になることは**表2**のように避けられないことです。

そもそも、六次産業化の支援を受けるためには六次産業として行う事業内容やそれに係る設備投資などを記入し申請しなければなりません。申請に六次産業化プランナーのサポートがあることを考慮しても、負担が相当程度あり、それを乗り越えて申請が認められた人々なのです。しかし、先述した数値で、事業自体が

表2　製品―市場戦略の成功確率

	現在の製品	関連がある製品	新しい製品
現在の市場	90%	60%	30%
関連がある市場	60%	40%	20%
新しい市場	30%	20%	10%

出典：B. カーレフ著、土岐坤・中辻万治訳『入門　企業戦略事典　実践的コンセプト&モデル集』

表3　六次産業化の実施状況

・概ね事業計画どおりに事業を実施中：28%
・事業計画に比べ遅れがあるものの事業を実施中：67%
・計画した事業が実施されていない：5%

出典：農林水産省「6次産業化をめぐる情勢について（平成27年12月）」

行われていない事業の割合が5%ということが結果として出ています（**表3**）。

申請へのハードルもあるこの支援制度で、事業が進まなかったことは注視する必要があります。それにはリスクに対して農家がどれだけ十分な認識を持って事業化計画を実行に移すのかということがまず必要で、さらには事業を実施するにあたってリスクを過大評価も過小評価もしない適切な認識を持つことができるかどうかが重要です。

②食品加工の壁

六次産業化の取り組みで農産物の加工を行うには、農家と加工業者が連携して農産物を使った食品加工が行われるケースと、農家自身が農産物を加工するケースがあります。前者の場合は、加工に必要な知識や技術、設備といった資源を内部に持つ必要がないためリスクが少ない。つまり、比較的容易に農家が六次産業化に取り組むことができる手段ですが、付加価値をつける部分を外部に委託するので、利益に反映できる部分も少なくなります。そして、後者の場合は、これまでに加工食品の経験がある場合を除けば、初めて農業生産以外の事業に取り組むことになり、技能・知識など、六次産業化に関する補助で比較的容易に準備が可能な製造機器だけでは補えない経営資源の不足が存在することになりますが、付加価値を内部で形成することでその利益のすべてを得ることが可能となります。

なお、食品加工といってもその中身は非常に高度な技能・知識を必要とするものから比較的容易にできるものまで幅広く、加工の程度によって次のように分けられています。

・一次加工食品

農産物等の原材料を著しく変化させず、処理・加工を行った食品（みそ、カット野菜など）

・二次加工食品

一次加工食品を1〜複数を用い、組み合わせて加工した食品（マヨネーズ、パンなど）

・三次加工食品

一次加工食品と二次加工食品を組み合わせた食品（冷凍食品、レトルト食品など）

農家自身が食品加工を行う場合、比較的実施しやすいものは一次加工食品です。これは、専門の加工に必要な機器を導入し手順通りに作業を進めることで加工が行えるため、作業の慣れなどの要素はあるものの安定した稼働が比較的短期間で可能となります。しかし、二次加工食品や三次加工食品となるとその状況は変わります。加工食品は、加工の程度が高まるほどに、必要な技術や設備機器も高度・複雑になるため、もともと加工を専門としない農家または農業団体にとってはいくつかの参入障壁があります。

参入障壁のひとつは、人的資源です。例えば、養鶏農家が生産している鶏卵を用いて一次加工食品となる「液卵（卵の殻を取り除く加工を行った商品）」をつくる場合、割卵機と呼ばれる卵を機械で衛生的に割る機械の導入とその作業をする場所の確保が必要となりますが、作業手順は導入する機器のマニュアル等に従えば、初心者であっても作業自体をこなすことはできます。しかし、例えば、同じく養鶏農家が生産している鶏卵を用いて二次加工食品となる「マヨネーズ」をつくる場合、初めは同じく割卵機を用い卵の中身を取り出す、次にマヨネーズは卵の卵黄のみを使用するために卵黄と卵白を分離させる。そして、保存期間を長くするために卵黄を加熱殺菌処理し、それを酢、植物油、塩等と混ぜ、乳化させる。これでマヨネーズという製品自体は完成ですが、その後、一般消費者に購入してもらうことを考えると容器に詰める必要もありますので、一次加工食品で例に挙げた液卵に比べると必要となる工程、導入しなければならない機材の数、処理にかかる時間等、大幅に難しくなってしまうことがわかると思います。

Ⅳ　六次産業化と経営戦略

　ここまでで、これまでの六次産業化がどのようなものであったのかということについて整理を行ってきましたが、この取り組みや六次産業化そのものを経営戦略の観点で見ていくとどのようなことがいえるのでしょうか。それについて、ここからポジショニング・アプローチと資源ベース・アプローチという、経営戦略論の中でベースとなる２つの考え方から六次産業化をとらえていきます。

1 ポジショニング・アプローチの視点から

　ポジショニング・アプローチとは、企業が他社との競合関係にある市場の中で、自社がどの位置づけで戦うのかを考えることで、競争優位を築こうとする経営戦略の考え方です。この考え方では、代表的なものとしてポーターの「３つの競争戦略」（**表４参照**）というものがあります。これは、企業が外部環境を考慮した上で考えるべき戦略の基本的な方向性を示したもので、名称通り基本的なものが３つに分けられています。これを用いてそれぞれの点から六次産業化を見ていきます。

　まず、コスト・リーダーシップ戦略は、価格の安さによって競争優位を築こうとする戦略です。食品加工では、海外や国内の農産物を大量に仕入れ大量に加工する大手の食品メーカーが数多く存

表4　3つの競争戦略

		競争優位の源泉	
		低価格	差別化
ターゲット	広い	コスト・リーダーシップ戦略	差別化戦略
	狭い	集中戦略	

出典：M.E. ポーター著、土岐坤・服部照夫・中辻万治訳『競争の戦略』

在します。その中で、同じような商品を販売するということを考えると、六次産業化においてコストで競争しようと考えることは現実的ではありません。もちろん原材料調達が自身で行えることはコストを考える上で利点になりますが、圧倒的な規模の違いの前では微々たるものになってしまいます。コストという点では、それ自体で競争優位を築くのではなく、例えば、規格外でこれまでは廃棄処分していた農産品を活用するなどといった限定的なものにとどまります。

次に、差別化戦略は、他との違いまたその違いによって生まれる付加価値によって競争優位を築こうとする戦略です。農産物において他との違いということは最大の強みであり、多くの農産品で持っているもので、例を挙げれば、火山灰土壌という特徴がある土地で育った農作物、寒暖差が大きい地域で育った農作物などですが、これらをまったく別の地域で、同じ状態をつくり出すことは難しいことです。差別化ということを考えると、重要となるのが〝代替困難性〟という他にとって変わられるような存在がないかという点なのです。そこから土地の特性ということを考えると、農産物にとってどれほど差別化戦略が競争優位を築く源泉であるかがわかると思います。

最後に、集中戦略は他の2つとは違い、ターゲットをより狭めた特定の消費者に向けた展開をすることによって競争優位を築こうとする戦略です。表では省きましたが、この集中戦略は細かく見ると集中戦略の中でも低価格でターゲットを絞り込むコスト集中と、差別化の上にターゲットを絞った差別化集中というものに分けることができます。六次産業化でつくられる商品は農産物という差別化の強みを活かしたものですので、差別化集中が基本的な方向性として考えることができます。ただし、六次産業化の商品はそもそも買い手の総量が少ないため、その上ターゲットを絞り込むような製品をつくればさらに買い手が限定され過ぎてしまうので、その点には注意が必要になります。

2 資源ベース・アプローチの視点から

資源ベース・アプローチは、企業の設備、人材、技能といった固有の資源を活用することが競争優位性を築く方法であるとする経営戦略の考え方です。ここでまず考える必要があるのは「コア・コンピタンス」です。コア・コンピタンスというのは、自分たちの中心となる優れた能力のことなのですが、そこでは、単に優れたものであるということ以外に真似がしやすいものなのか、真似がしにくいものなのかといったことも重要になってきます。ポジショニング・アプローチでも述べましたが、かなり多くの農産物は代替が困難であるという特性を持っていますので、資源を考える上でこの特性を十分に活用することが基本となります。その上で、六次産業化としてどのように自身の資源をとらえて、それを有効的に活用できるのかが重要なのですが、そこで課題となるのが、すでに述べています食品加工の問題です。農家が六次産業化に取り組む場合、加工という資源・能力に乏しいということが通常ですので、比較的容易に加工できるものになりやすくなります。そうすると、その加工によって出来上がった加工食品自体はどこも似通ったものになってしまうため、加工に戦略の中心を置くことやせっかく有している農産物の特性を弱めてしまうような、加工および商品展開は避ける必要があります。

3 現在の六次産業化とこれからの戦略

ポジショニング・アプローチと資源ベース・アプローチから六次産業化においての経営戦略を考えますと、どちらがより重要度が高いといったことではありませんが、農産物の特性から考えれば、その特性をより活かせる方向性で考えることが重要になってくるのではないでしょうか。食品加工という市場では、すでに大手の食品メーカーがその地位を築いています。その中では、差別化によって、それらの企業と競合しない商品づくりが必要になりますし、資源である農産物の強みを加工後も活かせる商品づくりも必要になります。このような展開が六次産業化の戦略として考えられるわけですが、ポジショニング・アプローチによる戦略では外部環境が変化すれば、競争力を失ってしまうということが問題視されます。例えば、「ある食品の人気があるので、その加工ができる機械を導入したが、その後、人気がなくなり購入者が減ってしまった。そこで、また人気のある食品を考えその加工ができる機械を導入する。」といったように状況が変化して、次々と環境に合う商品・加工設備が求められるというものです。この変わるタイミングが長期間であれば、投資した資金を回収することができ利益も得られるのかもしれませんが、短期間であった場合、設備投資にかかる費用の大部分が損失となってしまう危険性もあります。また、六次産業化は今後さらに取り組みとして拡大すると考えると、差別化をしている六次産業化の商品自体で競合し始めるとともに、市場自体が広がる（一般化する）という新たな問題も考えられます。今後を見据えた戦略ということを考えれば、外部環境に応じて必要な資源も変化する必要に迫られるポジションを中心とした戦略ではなく、自分たちが独自に持っている強みは何なのかを考え、六次産業化に取り組む必要性が高まっているといえます。

Ⅴ　加工・販売主導のアプローチとその戦略

ここまでで述べている六次産業化は、基本的に農家自身による多角化（新規事業の展開）です。六次産業化の概念は、提唱者の今村奈良臣氏（東京大学名誉教授）によって形成されたもので、分業体制が整うことで農家の役割が原材料生産のみに集約されている状況を問題視され、加工や販売といった機能を農業および農村に取り戻そうと働きかけられています。ですので、基本的な概念から考えれば六次産業化というものは農家自身による加工・販売までの取り組みのことです。しかし、農林水産省が行う六次産業化の総合計画では、加工業者との連携による六次産業化も認定の対象となっていることから、六次産業化の現在の概念や一般の認識は拡大しつつあるように見受けられます。

ここでは、これまでの従来の概念通りの農家による六次産業化、加工業者の主導による六次産業化、販売業者の主導による六次産業化といったものを、それぞれの経営資源から戦略とともにどのような利点があるのかを見ていきます。

1 生産からのアプローチ

生産主導は農家が加工・販売も含めた取り組みを一体的に進めるという従来通りの六次産業化です。この場合に戦略的に重要となるポイントは代替困難性です。代替困難性とは、言葉の通りその商品にとって代わることが困難であるかどうかというもので、その程度が高ければ高いほど商品の優位性が存在するものです。

多くの農産物は地域の特徴である気候や土壌の影響を強く受けます。その影響を受けて育つ農産物は違う地域でまったく同じものをつくるということは困難ですので、自ずとそこに優位性を生むベースが存在します。生産側からはそのベースによるアプローチが可能です。

❷ 加工からのアプローチ

加工が主導の六次産業化は、食品加工を専門とする食品メーカーなどが農産物を利用した商品の製造・販売を行う場合ですが、この場合は加工業者自身が農産物の生産から、加工、販売までを一体的に行う形や、生産・販売のいずれか、またはどちらも委託という形で六次産業化が行われます。

自社が専門としている加工の技術力を用いた非専門業者では製造困難な商品の展開など、農産物の特徴と加工の技術が高次元で融合するなど、〝模倣困難性〟を考えた戦略をとることが重要になり、それによって加工業者の強みを活かすことができるといえます。模倣困難性は、真似がないものであるか、または真似がしにくいものか、その程度が高いほど競争優位が築けるものですが、地域の特性を持った農産物を高度な技術で加工することによってこの模倣困難性はさらに高められるでしょう。

❸ 販売からのアプローチ

販売主導による場合は、農家に加工までを依頼し販売する、または農家と加工業者をつなぎ出来上がった食品を販売する形ですが、この際には〝顧客価値の創造〟ということが戦略のポイントとなります。

販売業者は生産、加工よりも一般の消費者に近い存在です。消費者のニーズを把握し、そのニーズを満たすための商品を提供するために六次産業化を進めるということで、販売業者ならではの商品展開が可能になるでしょう。また、その他の販売主導による六次産業化のメリットを考えれば、コンテンツの豊富さとそれに伴う集客力という点があります。農家や加工業者ではさまざまなコンテンツを用意することは難しいことですが、それを専門とする販売業、例えば大手流通企業などであれば取引業者も多く、あらゆる消費者に対応した展開が可能です。また、それによって消費者が集まってくるという好循環を生み出すことが可能です。

4 それぞれのアプローチから連携へ

ここまでのように、生産を担う農家からのアプローチを含め、加工、販売からのアプローチで経営資源を考えた戦略の方向性と、それぞれのアプローチで得られる利点について述べてきました。農地法の改正によって異業種からの農業への参入が容易になり、メーカーやサービス業が直接農業分野にチャレンジすることも出てきていますので、それぞれの利点を活かした農業および六次産業化に取り組み、それを自身の事業に活かそうとしている新しい動きが見受けられます。

農家のみでは生産以外の部分で経営資源が不足してしまうことは、前節でも述べていることですが、加工、販売においても、それぞれが有する経営資源で六次産業化を進めることで優位になる点は存在するものの、農家と同様に不足する部分も出てきます。そこでそれぞれの不足した経営資源を補完するための連携や、それをまとめる組織といった存在の必要性ということがひとつの解決策として考えられます。

Ⅵ　自前主義から連携による資源活用の時期へ

❶ 農業団体の存在を活用する

六次産業化の生産、加工、販売に必要な経営資源を考えた場合、農家単独による六次産業化ではなく、生産、加工、販売それぞれの経営資源を補える組織づくりが必要なのは前述通りなのですが、そこでひとつの問題が存在します。それぞれが連携して組織をつくる場合、各々の規模が同じ程度であれば問題ないですが、異なる場合には連携の組織自体が形成しづらいという状況に陥ってしまいます。特に農家は規模の小さいところが多いために、単独ではなかなか連携組織がつくれないといったことが予測されます。そこで、注目すべきは、農業協同組合や農事組合法人といった農業団体です。特に農事組合法人は複数の農家が自ら目的を持って設立する組織であるので、同じく六次産業化を異業種と連携していこうとする農家で集まることが可能です。

六次産業化の組織連携を考えた場合、農家はこういった農産物を集約できる団体を活用または形成し、まずは組織連携可能な程度の規模を確保することが望まれます。

❷ 六次産業化における連携組織形成の利点

バーニーという経営学の研究者は、ある資源が持続的に競争優位を築くには、図３のように４つ

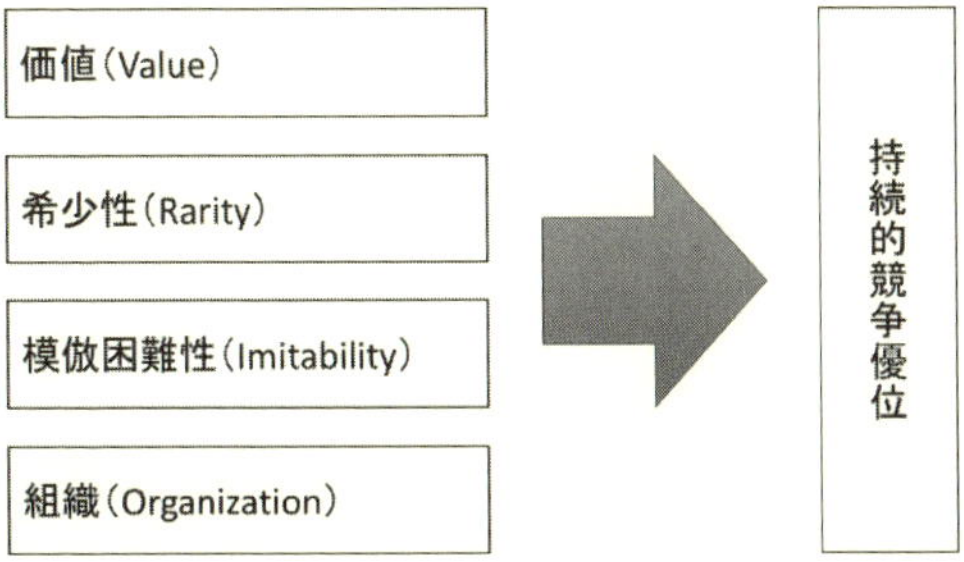

図３　VRIO 分析
出典：J.B. バーニー著、岡田正大訳『企業戦略論【上、中、下】
競争優位の構築と持続』

の要素が必要だと述べています。

　この４つの要素を六次産業化として考えれば、価値は、顧客が満足できる農産物を活用し加工された価値のある商品であるのかということ。希少性は、商品が農産物の特性（品種や地域特性）が活かされて別の地域では手に入らないような特別な商品であるのかということ。模倣困難性は、商品として提供した後にそれをまねてつくれるような状態ではないのかということ。そして、組織は、農産物という六次産業化にとって要となる資源を活かすことのできる組織であるのかということ。

　農産物という資源をもとに持続的な競争優位を築こうと考えるならば、農家単独による六次産業化では限界が存在します。もちろん、農家単独でも長い期間をかけてすべての要素を高めながら競争優位が築かれる可能性を否定するわけではありませんが、食品加工はすでに成熟した市場であり、専門性が非常に高い分野です。その中で、長い時間をかけて各要素を高める猶予が存在すると考えることは非常に困難ですので、今後市場の広がりも考えられる六次産業化という市場の中で持続的な競争優位を築くという観点からは、資源の有効的な活用が可能になるよう機能を補完する組織づくりが必要なのです。

3 農商工連携に向けた政策

持続的な競争優位という観点から、第一次産業を担う農家単独ではなく、それぞれ資源を有する事業者を活用した組織が適していることを前述しましたが、この視点は軽視されているわけではなく必要性は認識されており、すでに一部の政策として進んでいる内容でもあります。ここでは、各産業の資源の強みを活かした農家を核とした他産業と連携した組織づくりについて現在の取り組みを紹介していきます。

① 農商工連携

農商工連携は言葉の通り、農（林水産）業と商業・工業が連携した組織で、「中小企業者と農林漁業者との連携による事業活動の促進に関する法律（農商工等連携促進法）」が施行され、六次産業化の総合事業化計画と同様に、申請を受け認定した事業者をサポートする事業が「農商工等連携事業計画」という名称で始まっています。また、他にも中小企業庁が「低未利用資源活用等農商工等連携支援事業」という名称で、連携の促進によってそれぞれの経営資源が有効的に活用されるように取り組みが進んでいます。

②畜産クラスター

畜産クラスターは、畜産農家を中心として地域の別事業者（異業種）等が加わり収益性の高い畜産を目指そうとする取り組みです。クラスターは和訳すると、「房」や「集合体」といった言葉であることから、連携する組織が構築されることを目指したものであることが想像できると思います。畜産業はもともと機械化が進むまでは一農家あたりの飼養数も少なく規模の小さいものでしたが、機械化が進むにつれ爆発的に飼養数が増え、大規模農家でなければ競争できないような事業に変化してきました。換言すれば、小中規模で一般的な畜産のみを展開する農家は収益面で厳しい状況に置かれているということです。また、海外に目を向ければさらに大規模な畜産が展開されている状況があるため、将来を見据えた畜産の競争力強化は欠かすことができません。ですので、現状に対応する取り組みとしてこういった事業が進められています。

Ⅶ　おわりに

六次産業化という取り組みが活発化し、所得を得る仕組みが広がりを見せている状況は、これまでの農業のように所得は得られないものとして存在するのではなく、農業で食べていくのだという強い意志が感じられます。ただし、その市場は徐々に広がりを見せ「六次産業化」という言葉を見聞きする機会が増加しています。

　市場が広がるということは、それによって競合が増加するということが考えられますので、内部の事業者にとっての市場環境は悪化していくと考えなければなりません。そこで求められることは市場環境の悪化への対応です。環境適合には現状の六次産業における強みや弱みといった要素をきちんと把握しなければなりませんし、強みの部分をどれだけ伸ばしていけるのか、弱みの部分をどのように補っていけるのか、ということを考え行動していく必要があります。

　その行動ひとつが、資源を補い各組織の強みを活かした連携です。ただ、農家自身も自分たちの資源・能力開発に力を注ぐ必要があり、連携という組織的な六次産業化ではなく、小規模に展開する方向性ももちろん収益性を高める取り組みで、小規模で利益を上げられる農家も多く存在し、これからも存続していくかと思います。しかし、経営戦略の視点から市場の広がりを考慮して持続的な競争優位を築くことを考えれば、農業も農産物を活用した製品のさらなる高度化を図っていかなければなりません。特に競合が増えるとともにその重要性はさらに高まっていくことと思います。ただし、そこで重要であるのは、農産物の特性を活かした六次産業化に向けた連携と製品の高度化であって、大手食品メーカーと伍するための組織・製品づくりではないということです。本章では、経営戦略的観点をもとに六次産業化をとらえてきましたが、戦略で肝心なことはできる限り競合しない状況をつくり出すことです。そのことを忘れてしまえば、農産物の重要性や強みも置き去りにされかねません。農業の衰退にもつながってしまうような組織づくりにはならないように気を付けなければなりません。

参考文献

B・カーレフ著、土岐坤・中辻万治訳（1990）『入門　企業戦略事典　実践的コンセプト&モデル集』ダイヤモンド社。

H・I・アンゾフ著、中村元一訳（2015）『新装版　戦略経営論〔新訳〕』中央経済社。

J・B・バーニー著、岡田正大訳（2003）『企業戦略論【上、中、下】競争優位の構築と持続』ダイヤモンド社。

M・E・ポーター著、土岐坤・服部照夫・中辻万治訳（1995）『競争の戦略』ダイヤモンド社。

3 地域の大学が六次産業に果たす役割

追手門学院大学経営学部准教授　地域文化創造機構研究員　村上　喜郁

Ⅰ　はじめに

本章では、「地域の大学が六次産業に果たす役割」をテーマとして、大阪府茨木市に所在する文系総合大学である「追手門学院大学」と「農事組合法人見山の郷交流施設組合」（以下、見山の郷）の連携事業の事例を紹介しています。郊外型の中規模文系総合大学が、地域における六次産業化に対して、何ができるのか？（あるいは、何ができないのか？）について、大学側で実際に事業担当者となった教員である筆者（追手門学院大学経営学部 准教授／地域文化創造機構 研究員 村上喜郁）が、内部からの視点で書きました。現在進行中の連携プログラムに関する内容であるため、表題である「地域の大学が六次産業に果たす役割」について、明確な答えなどを示しているものではありません。しかし、「大学の地域連携の現場で起こっている問題」や「社会科学系学部が地域の六次産業に対して持つ可能性」について、知っていただけると思います。

Ⅱ　見山の郷の概要

最初に、この事例の主体の一つであり、六次産業化の主人公である「見山の郷」について知っていただこうと思います。[1]「見山の郷」こと「農事組合法人見山の郷交流施設組合」は、２００１年11月に都市と農村交流を目的として設立されました。事業の中核的施設となっている農産物の加工・販売施設「de愛・ほっこり 見山の郷」は、茨木市の中山間部、北摂山系の石堂が丘や竜王山などの山々、段々畑などの美しい景観に包まれた茨木市大字長谷に所在しています。茨木市の中心部（茨木市役所、JR茨木駅、阪急茨木市駅など）から、北に向かって約13㎞、自動車に乗れば25分程度で到着できる場所です（図１）。

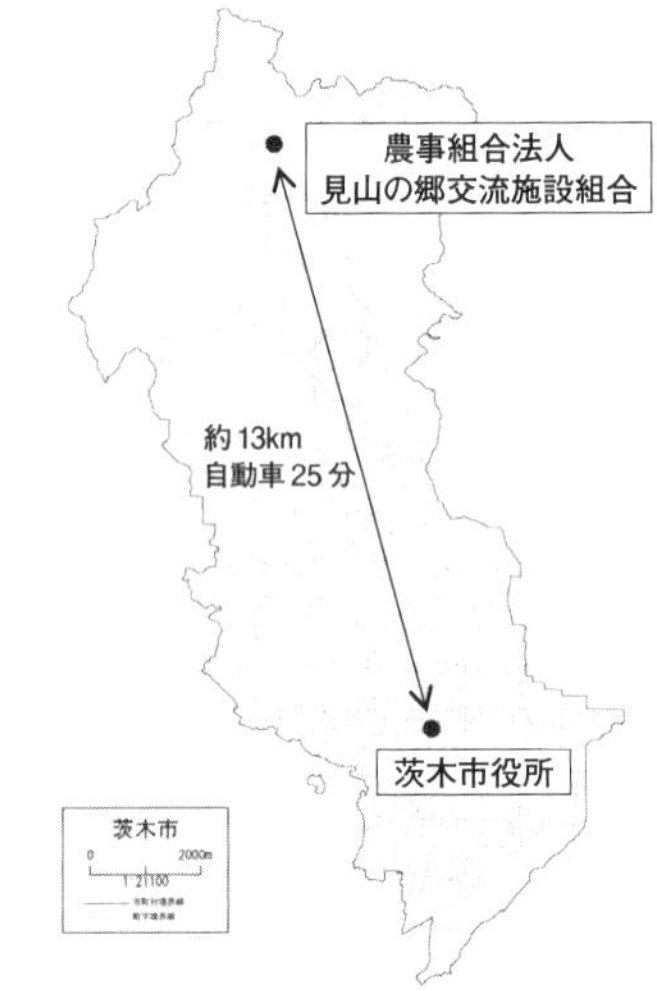

図１　「見山の郷」の位置
〒568-0088 大阪府茨木市大字長谷1131番地

写真１　見山名産「赤しそ」の栽培とアク抜きの様子
（於：見山の郷）

この直売所へ農産物を出荷している生産者の範囲は、見山地域（下音羽、上音羽、銭原、長谷、清阪、忍頂寺）だけでなく、清渓地域（泉原、佐保、千提寺）、石河地域（安元、大岩）の各地域に広がっています。主な農作物は、米、キュウリ、トマト、ナス、赤しそ、大甘青とう、大豆などです（**写真１**）。地域の標高は３００～４５０ｍで茨木の市街地と比較すると、年間を通して気温は２～３℃以上低くなります。この寒暖の差によって、味や色の濃い農作物を作ることができるのです。

図２　「龍王みそ」の商標

1 見山の郷の設立

見山地区都市農村交流活動推進委員会は、１９８９年から都市と農村の交流推進活動を行ってきた「見山の郷」の母体ともいえる団体です。地域の住民自身が、自身のふるさとである見山地域の良さ、地域農業の大切さを再発見し、自信を深めることを目的として、朝市や収穫体験などによるイベントを催し交流活動を開始したことが「見山の郷」の基礎となりました。

１９６４年に、生活改善グループの農産加工活動からスタートし、地元素材にこだわった「龍王みそ」の商品化に成功しました（後には、ブランド開発と防衛のために商標（第５５３７０５９号、**図２**）も取得しています）。２００１年に農事組合法人として「見山の郷交流施設組合」を設立、さらに見山の郷は都市農村交流活動を中心に農産加工品の試作開発などを続け、農林水産省の「平成14年度農村総合整備事業」により、直売所と茶店「de愛・ほっこり　見山の郷」の営業を開始しました。そして、同じく農林水産省の「平成16年度経営構造対策事業」の助成を受

写真２　「de 愛・ほっこり 見山の郷」農産物の加工・販売施設
電話番号：072-649-3328　HP アドレス：http://miyamanosato.org/

け、豆腐・米粉パン工房の加工施設を整備し、地元農産物の加工・販売などの「六次産業化」を本格化させたのです。そして、見山の郷は以下のような「経営基本方針」を掲げています。

見山の郷　経営基本方針
・自然たっぷりの「見山の郷」で都市と農村の交流を推し進め、地域社会の活性化を図ります。
・地産地消の店として、都市住民に新鮮さとおいしさの味わい豊かな農産品等の提供をします。
・おいしく安心して食べられる安全なお米、野菜づくり（減農薬・減化学肥料）の推進に努めます。
・健康に留意した安全な加工品を提供するとともに、郷土食の伝承に努めます。
・地域に古くから伝わる農村文化の伝承に努めます。

見山の郷では、早期に「地産地消（地元で生産されたものを地元で消費する運動）」に注目し、「安心・安全・美味しい」を前面に押し出し、中山間部の農村と都市の交流をコンセプトに、一次産品の直販を中心に売り上げを伸ばしました。さらに六次産業化にもいち早く取り組み、加工・販売施設（**写真2**）の建設、「龍王みそ」などのオリジナル商品開発や「de愛、定食」など飲食の提供も行いました。そして、非常に先進的な団体として注目を浴びてきました。これは、他地域の多くの団体・組織が見山の郷に視察や見学に訪れていることからも明らかです。

Ⅲ　見山の郷の抱える問題

しかしながら、多くの農業に関わる人々が持つ悩みと同様に、見山の郷にも課題は存在していま す。順風に見える見山の郷の経営も、いくつかの問題を抱えています。大きくは日本の社会全体が直面する問題と同じ「少子高齢化問題」、そしてビジネス上の問題として「競合店の出現」が挙げられます。「少子高齢化問題」では、組合員の高齢化に伴い生産能力が低下していること。また、顧客層が高齢層に偏り、固定化しがちなことに改善の必要があります。加えて、「競合店の出現」では同様の直売所が近隣にできたことが経営上の問題となっていたのです。

1 構成員の高齢化の問題

農林水産省も日本の農業全体の問題[2]としているのと同様に、見山の郷でも構成員の高齢化が問題となっています。組合員数としては、組合設立時の186名から徐々に増えて、2015年時点で225名まで増えています。しかしながら、新規の組合員は、一般の企業などを退職した者や兼業農家が中心なのです。つまり、専業農家としてどんどん生産を増やすという感じではありません。そして、従前から専業として農業に従事していた専業の生産者の高齢化は進んでいます。見山の郷の生産者の平均年齢は、おおよそ80歳前後となっているのです。

加工・販売施設である「de愛・ほっこり 見山の郷」で働いている人たちも、平均年齢58・7歳（男性6名、女性34名）と一般企業の定年に近い年齢になっています。皆さん大変元気に働いておられるものの、組合内での農業・加工の生産をさらに強化するのは、なかなか難しいといわざるを得ません。

実際に経営指標の一つとしての売り上げは、2008年をピークとして緩やかな下降を示しています。これは、組合員が緩やかに増加しているという状況に反した結果に見えます。少なくとも組合員一人当りの売り上げは確実に低下しているということがいえます。

2 競合店の出現

売り上げを押し下げている原因のもう一つは、競合店の出現です。市街地に設立された地元JA

系直販所、近隣他府県から農産物を集め販売する企業系直販所、他県のアンテナショップを兼ねた直販店、また常設ではないものの青空市場なども競合となります。

一般の農業協同組合（ＪＡ）から卸売市場の流通を介さないこれらの直販所は、見山の郷と似かよったコンセプトを掲げて、生産者から素早く消費者に農産物が届く、新鮮さを売りとしています。そして、結果として、近隣地域での顧客を奪い合う結果を生みました。

また、後発の直販店は電車の駅や住宅地から近い場所に出店し、地理的な優位を持っています。率直にいえば、これらの競合店に対抗する手立てを打たなければ、見山の郷の経営は厳しくなっていくと考えられるでしょう。

❸ 対策としての六次産業化の取り組み

見山の郷の２つの問題、「生産者の高齢化にともなう生産能力の低下」と「競合店の出現」への対策は、「六次産業化」を一層進めることでした。見山の郷は、設立の段階で六次産業化を基本的な考え方としていましたが、それを一層推し進めることが重要だと考えたのです。

具体的には、まず先にも挙げたようにオリジナル商品である「龍王みそ」の登録商標を取得し、ブランドの設立と類似商品からのブランド防衛を目指しました。さらには、２０１２年には「龍王みそ」の派生商品として「龍王みそ&塩こうじドレッシング」、２０１４年には特産品である赤しそを使用した「赤紫蘇サイダー」、２０１５年には生産量の多い大豆を用いた「ほっこり納豆」を

写真３　左上より、龍王みそ、龍王みそドレッシング、
赤紫蘇サイダー、下はほっこり納豆

開発しています。

近年開発された商品の特徴は、いわゆる「ＯＥＭ（Original Equipment Manufacturing）」の活用です。ＯＥＭとは相手先ブランドでの生産の意味で、簡単にいえば製造委託といえます。「赤紫蘇サイダー」は地サイダー製造で有名な能勢酒造株式会社[3]へ、「ほっこり納豆」は山口食品株式会社[4]へ製造を委託しています（**写真３**）。

ＯＥＭのメリットは、見山の郷で一次産品の加工を行わないので、生産に見山の郷の人手を取られないところです。見山の郷での問題である生産能力の不足を補うことが可能になります。もちろん、それぞれは専門メーカーであり、その知識や技術を活用することで、製品開発を円滑に進めることも利点です。六次産業化という意味でいえば、第一次産業に当たる農産品（赤しそ、大豆）の生産と第三次産業である販売を見山の郷が担当し、第二次産業である加工はＯＥＭで委託に出すという形になっています。いい換えれば、茨木・能勢の北摂地域での分業による六次産業化ということになるのです。

また、これら商品は競合店に対しても、真似ることが難しい（模倣可能性が低い）商品となり、経営学でいう差別化（自社と他社を分ける）要因ともなっています。すなわち、六次産業化の一層の深化、ＯＥＭによるオリジナル商品の開発と販売は、「構成員の高齢化問題」と「競合店の出現」への重要な対応策の一つとなっているのです。

Ⅳ　見山の郷商品開発プロジェクトの取り組み

「見山の郷商品開発プロジェクト」は、追手門学院大学地域文化創造機構のプロジェクト名であり、筆者で経営学部准教授の村上喜郁を指導担当とする見山の郷と追手門学院大学による「地域連携の学生プロジェクト」です。以下では、見山の郷商品開発プロジェクトの活動について紹介したいと思います。

1 見山の郷商品開発プロジェクトの目的

追手門学院大学地域文化創造機構の主催する学生プロジェクトである「見山の郷商品開発プロジェクト」の目的は、追手門学院大学とプロジェクト参加学生が「地域の人々、企業、自治体などをつなぐ懸け橋」となることを目標としています。また対象とする地域の範囲としては、大学の所在する地域、茨木市、北摂地域を中心に定めました。

より具体的には、先に紹介した見山の郷と協力した「大学生による商品開発・イベント開発」がプロジェクトの核となります。商品開発を通じて、(1) 地元企業や市役所、商工会議所などとのネットワークを創り出すこと、(2) 商品の販売やイベント開催を通して地域振興に少しでも寄与すること、(3) これらの活動の中で、参加学生がマネジメントの学習とその実践の経験を積むことを目指しています。

見山の郷商品開発プロジェクトの参加学生たちは、地域文化創造機構の提供科目である「地域学入門」の受講者を中心に、大学内から広く公募し、毎年10名程度のメンバーで活動しています。大学で行われているプロジェクトに初めて関わる者もいますが、多くのメンバーは学内の他プロジェクト経験者が多数です。特に筆者が担当する演習のゼミ生からは、別件のプロジェクトである大阪府中央卸売市場との提携事業の経験者が、地域のコミュニティや「食」に対する興味をより深めて本プロジェクトに参加してくる者も多くいます。

茨木市・北摂地域には、まだまだ魅力的な地域活性化のための資源が存在しています。「見山の郷商品開発プロジェクト」は、学生の若い力により地域の人々・企業・組織を結びつなぐことによって、地域の力を再発見し、より力づけることができればと考えているのです。

2 見山の郷商品開発プロジェクトにできること

見山の郷商品開発プロジェクトは学生プロジェクトですが、目的の一つとして「参加学生のマネジメント実践の経験」を掲げていることから、課題解決型学習（Project Based Learning、以下「PBL」）のスタイルを取っています。

そして、このプロジェクトの担当教員である筆者、村上喜郁は、経営管理論を専門とし、ご当地グルメなどを活用した「食」による地域活性化に関して、経営学の視点から研究を進めています。美食に関わる様々な要素を体系的に考えることを「ガストロノミー（あえて日本語に訳せば「美味学」もしくは「美味術」）」というのですが、この「ガストロノミー」という概念を中心として、地域の競争優位構築に関する事業モデルについて研究しているのです。

私自身の活動の特徴は、研究成果を実践に活かすことを考えている点です。例えば、自治体の観光政策のコンサルティング、復興庁の「新しい東北」先導モデル事業 東北フードツーリズム開発推進協議会 委員などを務め、「食」による地域活性化に多少でも寄与できればと日々考えています。見山の郷商品開発プロジェクトも、この流れの一環で、いくらかでも大学の地元地域の活性化と学生への経営学教育の助けになればというのが、私の思いです。

そこで、私はことあるごとに「見山の郷商品開発プロジェクトに何ができるのか」について思いをはせるのですが……率直にいって「すぐに、あまり大きなことはできない」というのが本音です。そのなかでもできることは、学生を育てること、学生を地域とつなぐことだと考えています。私自身が研究で得た知見を学生たちを通じて、少しでも地域に還元できればと思います。

❸プロジェクトの初年度の活動（調査・研究・発表）

「見山の郷商品開発プロジェクト（略称：ＭＳＰ）」は、２０１３年、追手門学院大学地域文化創造機構の「地域連携の学生活動」として、同機構研究員で経営学部准教授 村上喜郁を担当者として始動しました。初年度である２０１３年度は、基礎的な調査、今後の活動の全体像の計画、学生による研究発表を活動の中心としました。

大学全学部で履修可能な科目である「地域学入門」からの有志4名と経営学部村上ゼミからの４名、計８名の学生メンバーで「見山の郷商品開発プロジェクト」を発足。２０１３年9月21日（土）には、追手門学院大学生による初の「見山の郷の視察・調査」を行いました。まずは、見山の郷を視察し、見山の郷 代表理事 原田忠節氏から講義を受けたのです。これにより、本格的な見山の郷の商品開発に向け、基礎的な学習・研究が始まりました（**写真４**）。

さらに、２０１３年11月11日（月）には、地域密着型ビジネスについて学ぶため、見山の郷商品開発プロジェクトメンバーが、プチプランス春日店を見学し、本多大海チーフ・パティシエから講

写真４　原田忠節代表理事からレクチャーを受ける参加学生
（於：見山の郷）

義を受けました（**写真５**）。プチプランスは、茨木市に密着した洋菓子ビジネスを展開しており、その経営理念から始まり、商品への思い、店と地域との関係など、地域に密着した菓子店ビジネスについて学びました。まずは、地域密着型のビジネスにおける商品開発についてのノウハウの蓄積に努めたのです。

このように、初年度はいきなり商品開発を行うのではなく、学習・調査・研究を活動の軸として、商品開発に関する知識を蓄えることを中心としました。大学生による商品開発というと、「学生による奇抜なアイデア」が目立ちがちです。しかし、本プロジェクトでは、「参加学生のマネジメント学習とその実践」を目標の一つに据えていることから、早急な商品開発には走らず、じっくりとスローペースでプロジェクトを滑り出しました。ただし、初年度はアウトプットをしなかったわけではなく、外部へ以下のような研究発表を行いました。

まずは、２０１３年12月22日（日）、追手門学院大学地

写真５　プチプランス 本多大海氏から講義を受ける参加学生
（於：連携工房 童子）

域文化創造機構の主催する「第1回北摂セミナー」にて、学生研究報告を行いました。同時並行で実施していた「大阪府中央卸売市場提携事業」チームとも協力し、見山の郷とプチプランスの視察・調査に関する発表、今後の商品開発計画や追手門学院大学の地域における活動計画に関する発表を行いました。参加してくださった東京大学の窪田亜矢先生、熊本大学の田中尚人先生から、厳しくも温かいアドバイスをいただきました。学生自身も、自分たちの調査・研究に関する一定の評価に満足するとともに、外部からの多くの指摘と示唆をいただき、今後の商品開発や活動に対する課題を再認識したようです。

続いて、２０１４年3月12日（水）には、関西経済連合会の主管する「〃はなやか関西〃「関西の食文化」シンポジウム」学生研究発表に参加。グランフロント大阪 ナレッジキャピタルにて、同様の内容を発表しました。大阪市立大学大学院、阪南大学国際観光学部

写真６　「“はなやか関西”「関西の食文化」シンポジウム」の学生発表
（於：グランフロント大阪）

などの他学の学生プロジェクトも参加する研究発表で、他の団体の発表を聴講することが、大変刺激になったという感想を学生メンバーから聞きました（**写真６**）。

初年度の「見山の郷商品開発プロジェクト」の活動で重視したことは、とにかく焦って商品開発を行わないこと、じっくり大学の地元地域である「見山地区」を体験して知ること、しっかりとしたマネジメントの基礎を学習すること、そして内向けにならず外部に発信することを意識することでした。学生プロジェクトによる製品開発は、どうしても成果を焦りがちになります。年度単位で進行する大学教育のシステムの観点から、それは理解できるのですが、「何のためのプロジェクトなのか」という原点を忘れず、「地域・学生・大学」のためのプロジェクトであることを常に心がけました。

❹ ２０１４年度の目標設定

続く２０１４年度は、実際の商品開発に着手し、見山の産品（しそと米粉）を活かしたオリジナル商品「おうてもん赤しそ塩あんぱん」を開発しました。目標を「商品開発とそのノウハウ蓄積」と「大学の広報」に置き、コンセプトとしては「見山の郷産品」と「大学生による自由なアイデア」の活用としました。

まず、２０１４年6月に新メンバーを募集しました。大学のプログラムとしての性格上、毎年メンバーの入れ替えが起こります。というのも基本的に大学では4年間で学士の課程を修了し、それにともないプロジェクトメンバーも卒業するからです。新メンバーの追加の結果、２０１４年度は、10名の学生メンバーで活動することとなりました。

まずは、昨年度の先輩メンバーの研究発表成果を用いて基本的な見山の郷の情報について学習を進め、前年度と同様に、２０１４年7月2日（水）、見山の郷の視察を行いました。まず、今年度のテーマとして「見山の郷 PRプロジェクト」を掲げ、どのような方法で見山の郷の情報発信をするかという議論を進めました。ここで出たアイデアが、「訪問客の高齢化・固定化」の問題に、大学生であるからこそできるアプローチがあるのではないかというものでした。また、大学生が見山の郷とコラボレーションで活動を行っている「見山の郷 商品開発プロジェクト」自体も、若者に向けてアピールすべきであるとの意見も出ました。そこで提案されたのが、追手門学院大学のオープンキャンパスで、まず来訪の高校生ならびに学内に向けて見山の郷に関する研究発表とその成果として開発した商品を配布するというものでした。

５ 商品開発に取り掛かる

目標として、２０１４年8月2日（土）、３日（日）、24日（日）の３回のオープンキャンパスでの「来訪者に向けた研究のポスター発表」と「見山の郷とのコラボレーション商品の配布」を定めました。これに向け、毎週水曜日の昼休みにミーティングを行うとともに、昨年度から運用していたSNSアプリケーション「サイボウズＬ:ｉｖｅ」を活用して、アイデアの収集と練り込みを開始しました。「サイボウズＬ:ｉｖｅ」は現在も本プロジェクトにおいて運用中で、スケジュールの進行状況や内容等をメンバー間で共有するのに最適な無料プラットフォームの一つであると思います。

リアル（水曜昼休み、**写真7**）とバーチャル（「サイボウズＬ:ｉｖｅ」）のミーティングを組み合わせて活用することで、商品開発のスピードを加速させるとともに、メンバーそれぞれから広くアイデアを収集することができました。また、使用するポスター等の作成においても、全員がデータを共有できるだけでなく、その製作過程のデータが残るという副産物的な効果もありました。

最初に問題となったのは、どの様な商品を開発するのかということです。学生メンバーからは、以前よりゼリー、飲料、ジェラート、パンなどの案が出ていました。そこで、開発にかかる経費と時間、そしてオープンキャンパスでの配布を考え、パンを開発することに決まりました。昨年の調

写真７　毎週水曜日に実施されたミーティングの様子
（於：村上喜郁研究室）

査で、「米粉のパン」と「大甘青とう、トマト、赤しそなどの野菜」の活用が提案されていたことから、この組み合わせが考えられたのです。

❻社会科学系学生による商品開発プロジェクトの問題

実は、他のプロジェクト（例えば、大阪府中央卸売市場と追手門学院大学の提携事業で開発したオリジナル丼「追《おう》手《て》丼《どん》」プロジェクト）でも、常に問題になることは、社会科学系の学習・研究を進めている学生は、調理や栄養に関する知識と技術について、なんら特別なものを持っていないという点です。この点において、社会科学系の学生によるプロジェクトは、調理や栄養を専門とする学生のものと条件が違うことは、最も意識しなければなりませんでした。そこで、我々の発想の中心となるのは、「新結合」という概念になります。

「新結合」とは、シュンペーターという経済学者が、彼の著書『経済発展の理論』の中で示した概念で、「一見、関係なさそうな事柄を結び付ける思考」のことを指しています。すなわち、今まで関係なかったものを組み合わせて、新しいもの、新しい価値を生み出すことです。まちづくりなどの分野では、よく「よそ者・ばか者・若者」という言葉が使われます。これは、「よそ者」＝第三者の視点、「ばか者」＝突出したアイデア、「若者」＝実行・実働の重要性を指した言葉だと私は解釈しています。従来からの固定的な概念にとらわれず、新しい視点でチャレンジすることの重要性を指した言葉です。この三点について、「よそ者」＝初年度の調査・研究の成果、「ばか者」＝学生らしいアイデア、「若者」＝商品開発を行い研究発表とセットで実際に商品を配布してみるということを意識しました。

7 おうてもん赤しそ塩あんぱん

７月初旬には、学生たちの示した様々なアイデアの中から、見山の郷で既に名物となっている「米粉のパン」に、当時流行となっていた塩味を加えること（塩あんぱん）、さらに見山の特産物の「赤しそ」を組み合わせる案が、第一候補として定まりました。２０１４年7月23日（水）には、実際のパンの試食検討会を実施し、味などの調整に入りました。ここでは、パンの焼き方（仕上げ）として白焼きが「赤しその風味」を際立たせるために良いこと（焼き目を入れて、香ばしくし過ぎると「赤しその風味」が損なわれる）、また見た目への工夫の必要性が学生から指摘されました。加えて、若者が好む「あん」の量と塩味のバランス調整も行いました。

写真８　おうてもん赤しそ塩あんぱん

見た目への工夫という点では、経営学やマーケティングを勉強している学生たちの専門分野で、追手門学院大学が開発に関わった商品であることを示し、目を引くキャッチーな商品に仕上げるため、大学の公式キャラクターである「おうてもん」を活用する案が提出され、焼印を作成して、キャラクターとその名前を商品に直接書き入れることとなりました（**写真８**）。また、ネーミングについては、この商品が実際に見山の郷で販売されるようになった時に、「追手門学院大学」とのコラボレーション商品であることが分かるように（あざとく見れば「大学広報」に寄与するため）、「おうてもん赤しそ塩あんぱん」と名付けることとしました（実際にこの後、この商品は見山の郷での販売商品となり、複数のメディアでも取り上げられることになりました）。

そして、２０１４年度の目標に定めた3回の追手門学院大学オープンキャンパスでの「来訪者に向けた研究のポスター発表」と「見山の郷とのコラボレーション商品の配布」の実施にこぎつけました。学内の地域文化創造機構からの予算措置を受

写真９　2015 年度の「見山の郷商品開発プロジェクト」研究発表
（於：追手門学院大学オープンキャンパス）

図３　学生が作成した研究発表用ポスター
（実物は A0 判サイズ）

けていたこともあり、2015年度から本学に開設予定であった地域創造学部ブース内で、来場の高校生に向け「見山の郷商品開発プロジェクト」についてポスター発表（**写真9**）を行い、同時に、プロジェクトの成果である「おうてもん赤しそ塩あんぱん」を各日100個（3日間合計300個）配布しました。この活動は、2015年度も引き続き行っています（**図3**）。

8 2014年度の活動の成果

2014年度の見山の郷商品開発プロジェクトの活動成果として、私は2つの事柄が挙げることができると考えています。第一に「商品開発ができたこと」、そして第二に「学生が地域のコミュニティに目を向け始めたこと」です。

第一の「商品開発ができたこと」は、本プロジェクトの名称にもあるように、当初の目的です。見山の郷の特産物である「米粉（パン）」と「赤しそ」を用いて、学生のアイデアを活かした「おうてもん赤しそ塩あんぱん」が完成しました。先にも紹介したように、この商品は「見山の郷 赤しそ祭（2015年7月）」をきっかけに、見山の郷の直売所でも販売を開始し、今では定番商品となり1個150円で販売されています。

大学とのコラボ商品としての話題性から複数のメディアで取り上げられたこと、A0判サイズの販促用大型ポスターを学生が作成し直売所に掲示したことが、顧客に商品を手に取らせているようです。また、商品そのものとしては、見た目はパンにもかかわらず、米粉を使用した食感が餅のようであること、赤しその風味と塩味はミスマッチ感があるが独特の味わいを出していること、子供には見た目の焼印が興味を引くことなどが、好まれています。

第二の成果は、「学生が地域のコミュニティに目を向け始めたこと」です。当初、見山の郷の収穫祭イベント等に手伝い（子供向けのクイズイベントやビンゴ大会）として、メンバー学生が参加していたのですが、これをきっかけに参加学生が、茨木地域のコミュニティのイベントに興味を示し始めました。具体的には、茨木商工会議所の「冬のガンバる市」や茨木市商業団体連合会の「茨木童子まつり」への学生による自主的な出展です。どうしても参加メンバーが比較的高齢になりがちな地元地域のイベントに、学生たちが積極的に参加するようになりました。これは、あまり予想した成果ではなかったのですが、地域の活性化に嬉しい副産物だと感じています。

Ⅴ　見山の郷商品開発プロジェクトの挑戦

2年間の見山の郷との提携活動の結果として、学生主導のプロジェクトによる商品開発で一定の評価を受け、またメンバー学生の地域への興味が高まりました。加えて、見山の郷のイベントへの学生の参加などを経て、見山の郷との信頼関係もかなり強固なものとなりました。そこで、本格的に見山の郷の販売商品の開発に着手するため、茨木市の産学連携スタートアップ支援補助金にチャレンジすることにしたのです。六次産業における1つの問題は、開発資金の問題です。比較的規模の小さい事業体が、六次産業化を行う場合、そのノウハウの問題とともに、開発資金調達が課題となります。そこで、地元自治体の産学連携のスタートアップ（平たくいうと「ベンチャー」）支援に応募するはこびとなりました。

❶スタートアップ支援への応募と採択

まず、自治体から大学へのアプローチがあり、追手門学院大学の地域連携担当者の一人である筆者に話が回ってきました。見山の郷商品開発プロジェクトをもう一歩進めたいと考えていたところでしたので、正に渡りに船でした。この補助金の正式名称は「平成27年度茨木市産学連携スタートアップ支援事業補助金」で、大阪府茨木市内の事業者の技術開発力の向上や製品の高付加価値化をはかるために、同市内に所在する大学との連携によって、新技術や新製品・新サービスの研究開発等に必要な経費の一部（1／2以内）を補助金として交付するというものです。主な対象は、大学の理系学部であるように見えましたが、補助対象事例に、「商品のデザイン」や「新たなサービス」の共同開発が挙げられていたことから、担当教員である筆者の研究内容がいくらかでも活用できないものかと考え、応募する判断をしました。

実際には、まず2014年度の学生メンバーの意見の中で、昨年度、資金と開発期間の関係で断念した案を整理して、見山の郷に持ち込もうということになりました。そこで挙げられた案は以下のようなものでした。開発商品としては、新感覚調味料として「赤しそジュレ・ソース」、機能性

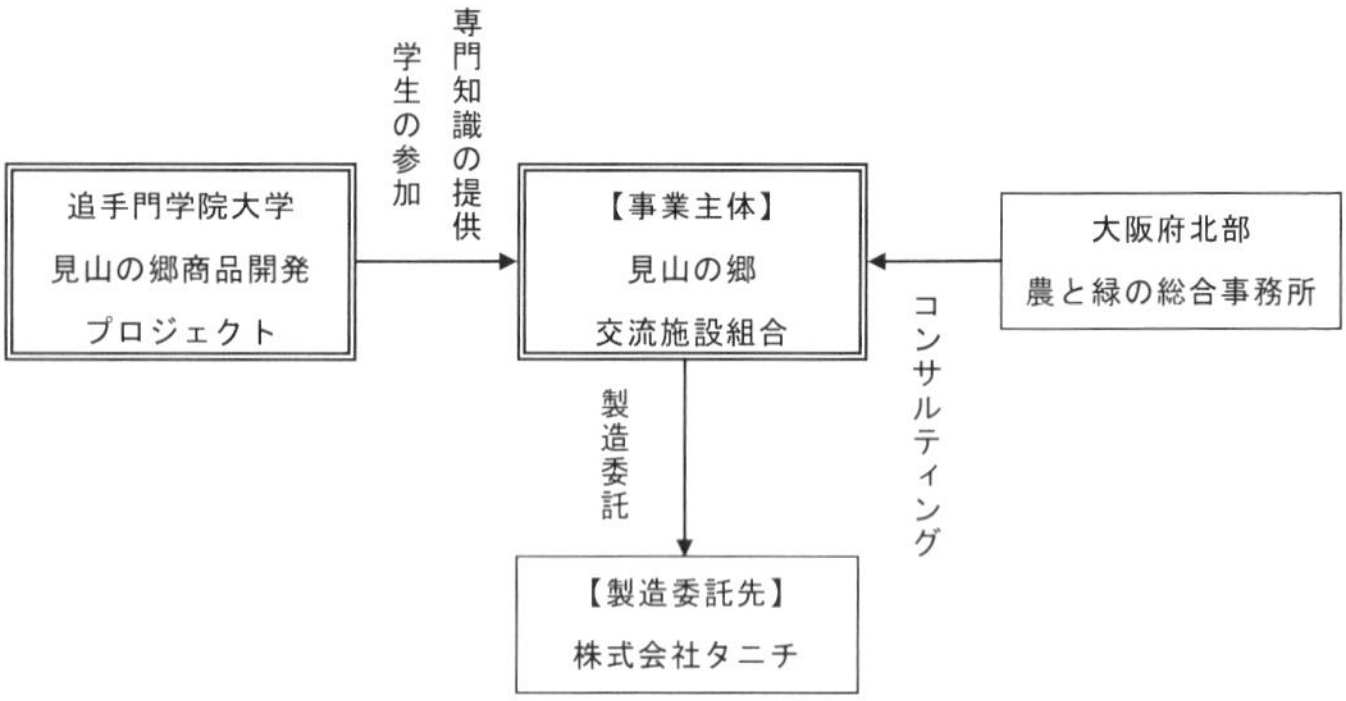

図４　見山の郷商品開発プロジェクト2015年度の組織体制
出所：筆者作成

油「しそ油」、移動販売車「ｍｉｎｉ見山の郷」など。事業内容としては、新商品開発に加えて、市場調査（アンケート調査）、販路の拡大、販売促進グッズの共同開発などです。２０１５年3月中に、資金や開発期間等を見山の郷と調整した後、この地域の名産でもあった寒天を使った「野菜ジュレの開発」でまとまりました。

まず、補助金への応募に向けて組織作りから始めました。見山の郷と追手門学院大学の提携を核とするため、正式に代表理事・学長名で事業連携の覚書を結びました。続いて、見山の郷側から、これまでの商品開発で協力をあおいでいた大阪府北部農と緑の総合事務所 農の普及課[5]にも声掛けがなされました。加えて、その関係で生産委託（ＯＥＭ）先として高槻市の株式会社タニチ[6]を紹介いただき、**図４**のような組織体制が完成しました。

それぞれの役割としては、見山の郷は主な素材となる一次産品の提供・商品試作・販売、追手門学院大学はマネジメント・マーケティングに関する専門知識の提供（教員）

と商品とその販売促進等のアイデア出し・実際の販売促進活動（学生）、農と緑の総合事務所は試作などに関するコンサルティング等、タニチは製造です。見山の郷の構成員高齢化にともなう労働力低下という問題に、見山の郷を事業主体としながら、北摂地域の産官学が協力し商品開発・六次産業化を試みるという形を取りました。

また、商品としては「野菜ジュレ」を選択しました。「ジュレ」はフランス語の〝gelée〟からきたもので、基本的な意味では「ゼリー（〝jelly〟）」と同じですが、一般には「ゼリー」より柔らかいゲル状のお菓子を指しています。高田郁の時代小説『銀二貫』[7]でも知られるように、この地域周辺は寒天の産地でした。経営学の世界では、近年、一橋大学の楠木建教授の出版した『ストーリーとしての競争戦略』がヒット作となっています。この「ストーリーとしての競争戦略」すなわち「戦略の神髄は 思わず人に話したくなるような面白いストーリーにある」というコンセプトを援用して、見山の郷の構成員高齢化・競合の出現などの課題［現在］に対して、昔から地域の名産品であった寒天を使ったジュレ［過去］をPBLでマネジメントを学ぶ地元大学生［未来］がチャレンジするというストーリーで製品の背景を整理しました。

そして、見山の郷、追手門学院大学、農と緑の総合事務所の三者の協力で申請書類を作成し、2014年5月14日に開催された「平成27年度茨木市産学連携スタートアップ支援事業補助金」審査部会にてプレゼンテーションを実施し、6月10日には無事採択されました。最終的な採択事業名は「若者向け地元産やさいを使った「やさいジュレ」の開発」とし、概要としては（1）見山の郷の一次産品を使用した新商品（ジュレ）の開発、（2）製品を活用した「見山の郷」のPR活動としました。採択額としては、215,000円として決して大きな金額というわけではありませんが、他の応募者のすべての連携先が大阪大学を中心とする国公立大学の理系学部（応募7件、うち国公立大学理系学部6件、採択6件）であったことから、補助金獲得だけでも「地域の産官学連携」という意味で一定の成果であったと思います。

2 オリジナル・野菜ジュレ開発開始

先の組織体制に沿って、見山の郷商品開発プロジェクトは、6月より「野菜ジュレ」開発を開始しました。この原稿を書いている時点では、まだ商品は完全には完成していませんが、その活動の一部とその過程で分かった多少の知見について、紹介したいと思います。

追手門学院大学「見山の郷商品開発プロジェクト」側に割当てられた役割は、担当教員である村上喜郁には「マネジメント・マーケティングに関する専門知識の提供」、学生メンバーには「商品とその販売促進等のアイデア出しと実際の販売促進活動」です。これらの活動を実際に進めるため、まず、2015年度の新規メンバー募集を行いました。募集は6月中旬〜7月を中心に学内のポスター掲示と村上ゼミのｆａｃｅｂｏｏｋ[8]を使って行いました。結果、10名の新しいメンバー（すべて2年生）を加え、総勢16名で商品開発を始めることとなりました。

まず、学生メンバーは野菜ジュレ商品に関する既存製品の情報収集とベンチマーキングを行いました。ベンチマーキングとは、先行する優良な競合について調査し、それを自分たちの活動の参考とすることです。ここで分かったことは、一般の市場にはまだ「野菜を素材としたジュレ（ゼリー）」は本格的には流通していないことでした。一方で、総務省の家計調査等の資料から、ジュレ（ゼリー）等の市場は伸びていることも分かりました。加えて、新メンバーを含め、再度見山の郷の視察・調査を行いました。

また、同時並行的に行った農と緑の総合事務所と協力した大学生を対象としたアンケート調査（2015年7月1日実施、有効数＝192）では、大学生が自らの野菜不足を気にしていること、野菜不足の主な対策は野菜ジュースの摂取であることなどが判明しました。これらの結果により、学生メンバーは「野菜ジュレ」の可能性を再認識し、確信を持ってプロジェクトを進めました。

実際の商品開発としては、学生メンバーはアンケート結果を分析、アイデアを整理し見山の郷に提出、8月26日に1回目の試作・試食会（**写真10**）を行いました。試作はタニチのアドバイスを受けつつ見山の郷と農と緑の総合事務所が協力して行い、「ミニトマト（あまっこ）」、「枝豆」、「赤しそ」の三種のジュレの試作品を作成しました。それぞれのジュレに関する食味に関する検討以外にも、担当教員である村上喜郁からは「現在の見山の郷の六次産業化商品に関するネーミングとパッケージの課題」、学生「商品と販売促進のアイデア」が提案されました。学生メンバーの意見として、赤しそや枝豆等が商品化に有力であると挙げられました。これらの内容をベースとして、タニチによる製品版の試作と見山の郷組合員で元デザイン会社勤務の伊東充志氏へのラベルデザインへ

写真10　試作品（ミニトマト、枝豆、赤しそのジュレ）と試食の様子
（於：見山の郷）

進んだのです。

1回目の試作・試食の結果、委託生産先であるタニチによる「赤しそジュレ」と「枝豆ジュレ」の製品版試作に進むことになりましたが、ここで1つトラブルが発生しました。長期保存のための熱処理の過程で「枝豆ジュレ」の色が変質し、商品としては不適切なことが分かったのです。そこで、見山の郷からの提案で、「枝豆ジュレ」に替えて「ゆずジュレ」を各500個程度ずつ試作することとなりました。10月22日、見山の郷にて2回目の試作・試食会を実施し、学生による食味の検討とラベルに関する議論が行われました。さらに、追手門学院大学の大学祭で

写真11　完成した製品版試作品と将軍山祭での
見山の郷ブース前での記念写真
（於：将軍山祭）
見山の郷ブースの看板やユニフォーム等も学生メンバー自らが作成

ある「将軍山祭」と茨木市農業祭で学生メンバーによる比較的大規模な一般向け試食アンケート調査を行うことが決定しました（**写真11**）。結果として、将軍山祭274枚、茨木市農業祭125枚、その他95枚、合計494枚のアンケート結果が収集され、現在分析を進めています。また、ラベル、販売促進案についても、学生メンバーから様々なアイデアが出され、最終の提案をまとめている最中です。

❸ 見山の郷の六次産業化商品の課題

これまでも、見山の郷は積極的に六次産業化に取り組み、数々の商品を開発し販売してきました。先にもお話した「龍王みそ」、「龍王みそドレッシング」、「赤紫蘇サイダー」、「ほっこり納豆」などです。これらは、構成員の高齢化よる一次産品の生産能力を補う高付加価値商品として、また新たに出現した競合店との差別化要因として作られました。龍王みそは茨木市の学校給食でも採用されているほか、他の商品も含め地元のイオン、アルプラザ、フレンドマートなどの地元スーパーマーケットや酒店などでも販売され、見山の郷の売り上げに大きく貢献しています。しかしながら、「見山の郷ブランド」の浸透という点では、まだ課題があります。

というのも、各商品の商品名（ネーミング）に統一性がなく、「見山」あるいは「見山の郷」という名前（＝ブランド）が、十分にアピールできていないのです。筆者は「食資源を活かしていかに地域活性化を行うか」[9]という研究を行ってきました。この研究から得られた成果からいえば、「食」という分野において「商品（そのもの）」ほど有能な広報媒体はないのです。例えば、チラシやテレビＣＭのようなものであれば、実際に味や香りがするわけではありません。あくまで文字や画像で「食」を伝えているに過ぎません。それに対して、「商品」は実際に食べて味や香りを感じることができます。この点で、こと「食」という分野では「商品」ほど有能な広告はないのです。

ゆえに、見山の郷の六次産業化商品を見ると課題があるのです。「ネーミング」と「パッケージ」です。「ネーミング」、いい換えると商品の名前では、大事な「見山（あるいは「見山の郷」）」

が含まれておらず、せっかく買ってくれた消費者には、(いくら美味しくても)それがどこの産品なのか十分には伝わりません。見山の認知度を高めるには、商品にブランドとして「見山(の郷)」を入れるべきです。例えば、今回のプロジェクトであれば、「見山ジュレ」といった具合です。そうすれば、商品が売れることで売り上げが上がるだけでなく、「見山の郷」の知名度も同時に上昇します。「商品」ほど有能な広告はないのです。

合わせて、「パッケージ」にも工夫が必要です。その商品を再度購入してもらうため、またその商品購入を見山の郷への来訪につなげるための工夫です。商品を手にするすべての人が、自分で商品を購入しているわけではありません。お土産やプレゼントで商品を手にする人も多数います。そういった人に、再度商品を手に取ってもらうための工夫、そして、その商品を気に入ってもらえた人に、直接見山の郷を訪れてもらえるようパッケージに情報を組み込む工夫が必要です。まずは、「見山(の郷)」という名前(=ブランド)が、しっかりと分かるパッケージにすること、これは先の「見山(の郷)」の認知度強化にもつながります。オリジナルの六次産業商品を「広報」に使う手法は、いわゆる「流通チャネル活用タイプの六次産業(商品開発をして既存の販売チャネルで販売するタイプ)」と「交流タイプの六次産業(直販所タイプ)」[10]の両方を狙う場合、特に効果が高いといえるでしょう。

現時点では、各商品のラベル等に書かれている「見山(の郷)」の文字の専有面積は、1・5〜2・2%程度(**写真12**)で、十分なアピールができているとはいえません。具体的には、見山の郷

ラベル全体：
（幅）100㎜×（高）70㎜＝7,000㎜^{2}
「見山」部分：
（幅）8㎜×（高）20㎜＝160㎜^{2}
「見山」部分の割合：
160/7,000＝2.2%
※ 商品名に直接「見山」の名前は入っていない。

写真12 「赤紫蘇サイダー」のラベルの例

の住所等を入れるだけでなく、直販ホームページのアドレスや場合によってはＱＲコード（スマートフォン等で読むと直接ホームページにつながるコード）等を入れるといった工夫です。

もちろん、見山の郷のすべての商品ブランド・ネーミングを統一すること、パッケージ変更をすることは極めて困難です。しかし、今回の「ジュレ開発」を契機に、この「ジュレ」から始めるのは一つの機会だと考えています。

4 社会科学系学部が地域の六次産業に対してできること、できないこと

見山の郷商品開発プロジェクトによる見山の郷との協力による六次産業商品「野菜ジュレ」の開発は途上にありますが、その過程でいくつかの成果と課題が分かりました。大きくは2つ、「社会科学系学部の事業（課題解決型学習）は地域コミュニティ型の六次産業化との相性が良いこと」、そして逆に「大学の事業であるからこそできないことがあること」です。

まず、社会科学系学部の事業（課題解決型学習）と地域コミュニ

ティ型の六次産業化との相性が良いことについて。地域コミュニティ型六次産業化とは、主に地域の顧客への販売・サービス提供に軸足を置いた事業を行うことで、事業主体の所得の増大と雇用の確保・拡大を図って地域の活性化を目指す事業展開志向のことです。目的としては、地域社会の維持・再生や地域住民の生活の向上を図り、地域を活性化することを目指しています。このような六次産業化事業において、社会科学系大学が持つような専門知識は不足しがちで、研究者の持つ知見（今回であれば、私の専門である経営学）は、有効に活用できる可能性が十分にあるのです。大学生が事業に参加することでは、先に紹介した「よそ者・ばか者・若者（第三者の視点、突出したアイデア、実行・実働者）」の視点を取り入れることもできます。また、今回の場合は幸運かもしれませんが、大学生が地域のコミュニティに興味を持ち、そこに入る機会となりました。これは、地域社会の維持・再生という地域コミュニティ型六次産業化の目的とも合致します。

これは少し個別の話になるかもしれませんが、六次産業化における大学とのコラボレーションは、事業者単体よりも、メディア等の注目度が高いことも挙げられます。見山の郷商品開発プロジェクトの場合、商品開発の過程で地域の情報誌『朝日ファミリー』（2015年8月28日北摂版1面）や『いばらきさん』5号（**写真13**）で特集していただきました。また、小さい記事ですが『日本経済新聞』（2015年10月8日近畿版）にも掲載されました。その他多数のメディアにも取り上げられ、それを見た皆様に応援のお声掛けをいただいています。これは、ある意味では無料の広報であり、金銭的な価値に換算すると相当なものとなっています（実は私の専門は、この辺りです）。

写真 13　『いばらきさん』No.5 表紙と見山の郷商品開発プロジェクトが紹介されたページ

「北摂ナビ」（http://www.hokusetsu-navi.com/）ホームページ内で、PDF 版がご覧になれます。

六次産業化における事業者と大学とのコラボレーションは、事業者側・大学側の双方にとって、メリットのあるものです。

一方で、大学の事業であるということ自体が問題を生む場合もあります。大学の事業であるからこそできないことがあるということです。まずは、課題解決型学習のプログラムが大学事業である以上、「学期」という区切りに従わざるをえません。現在多くの大学は、セメスター制（「春学期」と「秋学期」の二学期制）を取っています。正規の単位として実施している課題解決型学習はもちろん、見山の郷商品開発プロジェクトのような任意のプロジェクトであっても、学生たちが集まって活動を行う以上、夏休みや春休みのような長期休暇中には動きが緩慢になりがちです。また、期末試験等の期間は、基本的にまったく活動ができません。さらに、任意の活動として行う場合には、学生の調整を行う担当者に何の強制力もないので（強制力を使うことも問題ですが）、プロジェクトをコントロールするのは非常に困難です。また、学生はあくまで学生ですので、過度な期待には応えることはできません。この辺りの事情を提携する事業者側には十分に理解していただけなければ、学生とのコラボレーションは実現しません。

Ⅵ　まとめ

地域特有の「食」とその周辺の自然・景観・文化などの諸要素は、どんな場所にでも存在します。

そして、それを活用した「食」による地域振興策は、少ない資源（ヒト・モノ・カネ・情報等）で地域の魅力をアップし、地域外の人を呼び込み、様々な産業を振興する可能性を秘めています。六次産業化は、その一つの有効な方法です。政府の政策や様々な書籍が「六次産業化の推進の方法」を提示しています。しかし、実際の現場では一部の先進的な組織を除けば、そのノウハウを事業レベルにまで落とし込むことに、大変な困難を感じています。少なくとも、大学文系学部（特に社会科学系大学）の持つ知見を地域の中小事業体の六次産業化に活かすことは有用であると思います。

今回、追手門学院大学は見山の郷と連携し、学生たちのPBL活動として商品開発のお手伝いができる機会を持ちました。ここでは「筆者の研究生活で得た知見」と「学生たちの新鮮なアイデア・活力」が一定の成果を現していると思います。具体的には、古くからの特産品であった寒天、見山の郷の地産地消の野菜、地元大学生とのコラボレーションをつなげ、六次産業化商品への「ストーリー性を付与」する試みができたこと。これには競合の模倣を困難にする意味もあります。また、「見山（の郷）」の地域ブランドを活かし、開発した六次産業化商品がそのまま広告として活かされるモデル「六次産業化商品による交流タイプと流通チャネル活用タイプのループモデル」（**図5**）が提案できたこと。最後に、地元大学生の六次産業化商品開発の参加による話題性が、メディアに注目を受けたことです。

日本の農業は、「従業者の高齢化問題」や「ＴＰＰ（環太平洋戦略的経済連携協定：Trans-Pacific Strategic Economic Partnership Agreement）による市場競争の激化」といった問題を抱

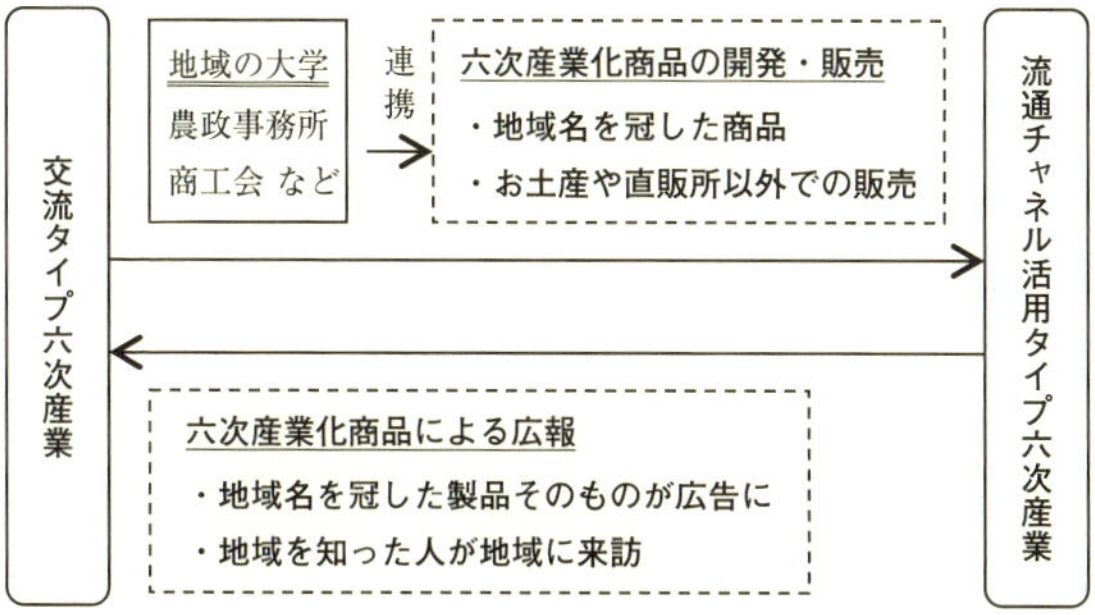

図５　六次産業化商品による交流タイプと流通チャネル活用タイプのループモデル

出所：筆者作成

えています。規模は違うかもしれませんが、見山の郷でも、「構成員の高齢化」と「競合店の出現」という課題を抱えています。ある意味では、見山の郷は日本農業の縮図だともいえます。このような状況の中で、筆者が体感したことは「農業の現場は変わらなくてはいけない」ということです。食糧政策に関わる産業として保護されてきた側面、産業・ビジネスとしての側面、地域コミュニティとしての側面など、様々な役割を担ってきた日本の農業は変革の時期にあります。変化のためには、もちろん農業に従事する人の頑張りは必要です。しかし、頑張るだけではこの厳しい変化には対応できません。食糧政策を上手く回すしくみ、収益を上げるしくみ、コミュニティを守るしくみなど、しくみを創り出すしくみが必要となります。この点で、地域の大学、特にその社会科学系学部の蓄積している知見は、有効に活用できる可能性があるのです。大きなことはいえませんが、これからも地域連携として、地域の六次産業化・地域の振興に少しでも貢献できればと考えています。

謝辞

本稿は、追手門学院大学２０１５年度 特色ある研究奨励費制度（「「食」をフィールドとした社会科学系ＰＢＬの可能性に関する研究」）の助成による成果の一部です。また、本稿の執筆に当たり、農事組合法人見山の郷交流施設組合事務局の岩田健二事務局長、九鬼実マネージャー、岡初美事業部長には、資料提供ならびに聞き取り等で大変お世話になりましたこと、見山の郷商品開発プロジェクト第2期メンバー、入江俊輔君、安井佑佳さんには、資料整理を手伝ってもらいましたこと、あらためて御礼申し上げます。

注

[1] 見山の郷の基礎情報については、見山の郷が毎年作成している『「見山の郷」農産物直売施設概要（平成27年度版）』を資料としています。

[2] 農林水産省（２０１５）『平成26年度 食料・農業・農村白書』２０１５年5月26日公表、98-１００頁「農業就業者の減少と高齢化の進行」でも指摘されているように、日本全体での農業就業者（基幹的農業従事者と雇用者）の減少傾向と高齢化の進行が長らく問題とされています。

[3] 能勢酒造株式会社 http://www.eonet.ne.jp/~nosemizu/

[4] 山口食品株式会社 http://www.yamaguchi-natto.com/

[5] 大阪府北部農と緑の総合事務所 http://www.pref.osaka.lg.jp/hokubunm/youkoso/index.html

[6] 株式会社タニチ http://www.tanichi.jp/

[7] ２００９年に発表された時代小説で、２０１４年にはＮＨＫでドラマ化されています。

[8] 追手門学院大学 村上喜郁ゼミ facebook https://www.facebook.com/467437760003413/ では、見山の郷商品開発プロジェクトをはじめ、村上喜郁ゼミでの活動を報告しています。大学生などを中心に、記事当りのリーチ数４００～３，０００程度の発信力があります。

[9] 科学研究費 基盤（C）「ガストロノミーを基本概念とするフード・ツーリズム開発の研究」（2012年4月1日～2015年3月31日）の研究分担者。

[10] 例えば、農林水産政策研究所六次産業化チームの資料『六次産業化の展開方向と課題』www.maff.go.jp/primaff/meeting/kaisai/2011/pdf/111220sec.pdf を参照。

4 日本酒の原材料から見る六次産業化
——北陸と東北の事例から

金沢大学大学院人間社会環境研究科地域創造学専攻准教授　香坂　玲
金沢大学大学院人間社会環境研究科地域創造学専攻修士2年　又木実信
㈱日本経済研究所上席研究主幹　佐藤　淳
金沢大学大学院人間社会環境研究科地域創造学専攻博士研究員　内山愉太

Ⅰ　はじめに

近年、全国的に清酒においても六次産業化の動きが見られます。本章では、清酒の一大産地である東北と北陸のとくに石川県に注目して、原材料利用の実態と産地の動向について、地理的表示等の産地の認定制度についても触れつつ、六次産業化に関する可能性と課題について考察します。

そもそも六次産業化の全体の動向の中で、ワインは外食、水産加工品についで政府ファンドの出資対象の3位になるなど、アルコール関連の占める割合は低くはありません（**図1**参照）。政府

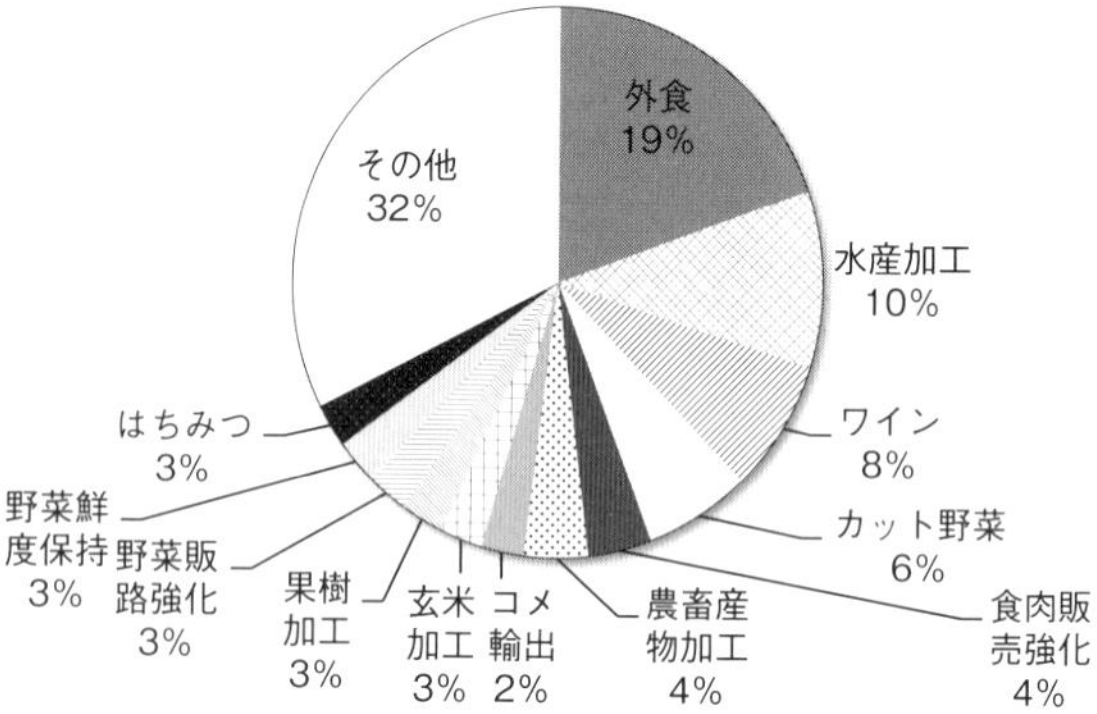

図１　政府の六次産業ファンドの出資対象

出典：農林漁業成長産業化支援機構の出資対象（件数ベース：2015 年末、六次産業化法の範囲内）

ファンドの助成対象は、農林漁業者が加工等を手掛ける六次産業に限定されますが、ワインは、ブドウ生産者が醸造まで手掛けるとみなされることから、助成の対象となっています。

一方で、清酒の場合はもともと加工品であることから、一次産業の生産者、加工や流通などの二次、三次事業者も深く関わってきます。事業者の種類も、酒蔵、酒米の生産者、流通と、国税庁、農林水産省などの行政も関係してきます。参入してくる事業者も一様ではなく、石田（２０１５）は、企業による農業への参入方法を５類型に整理し、農業生産法人を設立、農地をリース、農地を使わないパターン、農作業の受託、あるいは生産委託などの形で参画しています。本研究の対象地の一部である、北陸の能登半島においても、その実態は多様であることが確認されています（冨吉・香坂、２０１４）。

ブドウ生産者が醸すことが一般的であるワイナリー

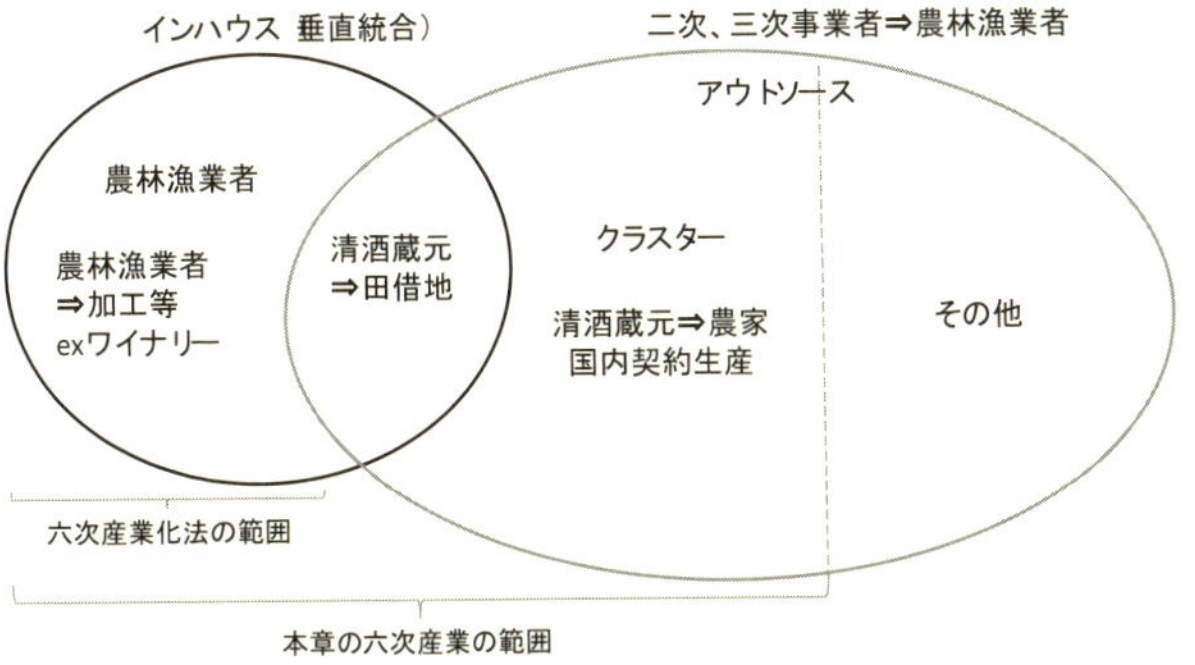

図２　清酒の六次産業の定義

に比べると、清酒の農業への関与は複雑です。複雑な現実をベースに六次産業を定義してみましょう。まず六次産業化法は農林漁業者が加工等を手掛ける場合に限定しています。それはインハウス（一つの法人が手掛ける）とほぼ同義で、厳密な整理となりますが、清酒蔵元は排除されます。蔵元が農地をレンタルして農業を手掛ける場合には、インハウスの一形態となるものの、六次産業化法の対象からは外れてしまうのです。

一方、清酒では農家に生産を委託するケースも多いようです。このケースも六次産業に該当しますが、その範囲の定義は困難です。委託の契約等に濃淡が存在するためです。契約や人的関係によって緊密に結びつき、農家と蔵元の関係が一つの法人に準ずる場合から、単なるスポットに近い関係までありえます。地理的範囲も近隣から国内各地まで様々です。しかし、清酒蔵元の多くがこのタイプに属するため、本章では、二次、三次事業者が、農林漁業者と緊密に結びついている場合は、六次産業とみなします。関係が緊密か否かの判定は厳密なものはなく、やや恣意的にはなりますが、国内契約栽培によるものや、クラスターが成立しているものを六次産業と捉えます（図2参照）。

Ⅱ　清酒を取り巻く環境

❶清酒産業の構造変化：産地と品質

清酒は、日本固有の酒類生産業として歴史的に形成されてきましたが、その構造が変化してきています。以下、清酒をめぐる社会的動向についてまとめました（表1）。

清酒の伝統的な造りは江戸時代に一般的になり、杜氏制度などの体制が登場したのもこの時期からでした。酒造りに関しては昭和になると精米機などの開発で精米技術が飛躍的に向上し品質管理の質も急激に上がりましたが、戦後の高度経済成長期に大量の3倍増醸酒が出回り清酒のイメージは著しく低下してしまいました。この点はフランスのワインの品質の悪化から発生した原産地呼称統制制度（ＡＯＣ）の経緯と異なる文脈ではありますが、類似した現象といえます。また、その頃、地方の中小の蔵元が低質な酒に対抗するべく、級別制度下（特級、1級、2級に分類）において2級酒で精度の高い造りの酒を販売していました。それによって新潟や東北地方をはじめとする地酒ブーム、のちの1994年の吟醸酒、2000年の純米酒ブームといった形で清酒を発展させてきました。今日では低アルコール酒などの清酒への抵抗を低くする取り組みや、地域に根差した酒造り等、酒蔵の個性を活かした酒造りが行われています。現代の酒造業が転換期を迎えた要因として、

表1　清酒をめぐる動向について

	年代	事項
大量生産	1974	清酒生産量がピークに
大量消費	1975	市販清酒の製造年月、原材料、製造方法などの表示 新潟・東北で地酒ブーム
制度改革	1989	級別の廃止
	1990	清酒の製法品質表示基準・未成年者の飲酒防止に関する表示基準制定
食の洋風化	1992	清酒の級別廃止、特定名称酒誕生
	1998	ワインブーム、発泡酒の需要急増
	2000	純米酒、純米無濾過原酒などのブーム、消費者のアルコール離れ
	2003	清酒の製法品質表示基準の一部改正、酒類小売自由化（情報の非対称性の拡大）、本格焼酎ブーム
酒の国際化	現在	蔵の個性を打ち出す酒造りへ

出典：武者英三監修『蔵元を知って味わう日本酒事典』（2011）をもとに筆者作成

八久保（２００８）は１９８９年・１９９２年の酒税法の改正を指摘しています。それらの主要な改正点は、等級制に裏打ちされた価格維持の体制から、製品の質に基礎をおく価格設定系への転換でした。結果として酒税法の改正は、その後進展する酒造業の国際化のための生産構造の質的転換を招来するものであったと考えられています。

産地の動向については、今日、伝統的な地域密着型産業として清酒製造業者は全国各地に広く分布しています（**図３**）。清酒業界は灘・伏見を中心とした「低価格志向」のナショナルブランドメーカーとそれ以外の「高価格志向」のプライベートメーカーが併存するという２極構造を特徴としていることが分かります。

大量生産、低価格指向の普通酒を醸造する

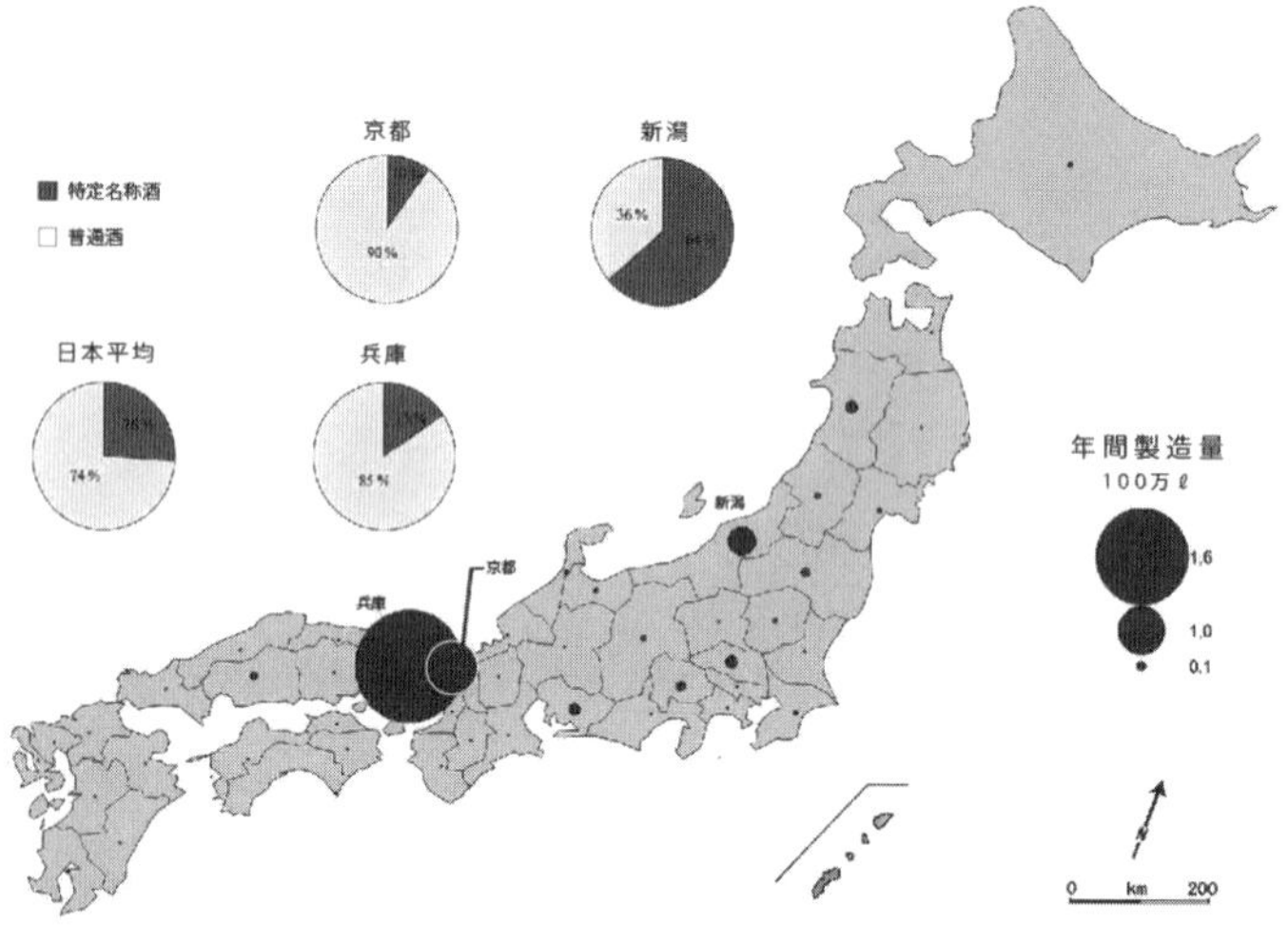

図３　特定名称酒と普通酒の産地割合

出典：Baumert（2013, p.9）『Peut-il exister des terroirs du saké ?』

表２　清酒の製法品質表示基準

分類1		特定名称酒		普通酒
分類2		純米酒系	本醸造酒系	普通酒系
使用原料		米・米麹	・米・米麹 ・規定量内の醸造アルコール	・米・米麹 ・規定量外の醸造アルコール ・その他原材料
精米歩合	規定なし	1：純米酒		普通酒
	70%以下		5：本醸造酒	
	60%以下	2：特別純米酒	6：特別本醸造酒	
		吟醸系：固有の香味（吟醸香）を帯び、色沢が良好なもの		
		3：純米吟醸酒	7：吟醸酒	
	50%以下	4：純米大吟醸酒	8：大吟醸酒	
アルコール添加		なし	あり	

出典：日本酒サービス研究会・酒匠研究会連合会発行講習会テキスト（2009）「日本酒の基」

ナショナルブランドメーカーに対し、プライベートメーカーは特定名称酒といわれる高級志向であり、全体の酒類は減少傾向にある中で、特定名称酒の比率は比較的好調な傾向にあります。

特定名称酒とは、純米酒や吟醸酒、本醸造酒等をいい、国税庁の告示「清酒の製法品質表示基準」により、使用原料、精米歩合、麹米使用割合、香味等の要件に該当するものだけに、その名称を表示することができる清酒をいいます。その製法品質表示は国税庁により定められています（**表2**参照）。

佐藤（2015）は清酒のうち特定名称酒と普通酒の市場金額推計が2014年に逆転し、特定名称酒が増加してきたことを整理しています（**図4**参照）。これには東日本大震災の復興支援によって特定名称酒の価値が消費者に伝わり見直されてきたことがあげられています。特定名称酒のタイプ別推移では本醸造酒が低下しているのに対し、純米酒、純米吟醸酒などのシェアは上昇しており、この背景には、清酒製造業者の高付加価値化戦略もあるものと思われます。

これら特定名称酒の生産は、これまで酒造業を主導してきたナショナルブランドメーカーではなく、地方プライベートメーカーによって担われている面が大きいようです。佐藤（2012）は、それらは製品販売市場における低価格化要求とともに、高品質化・高級化による製品差別化が求められ、それが特定名称酒の製造・出荷量の拡大となって表れており、輸出においても好調であると述べています。

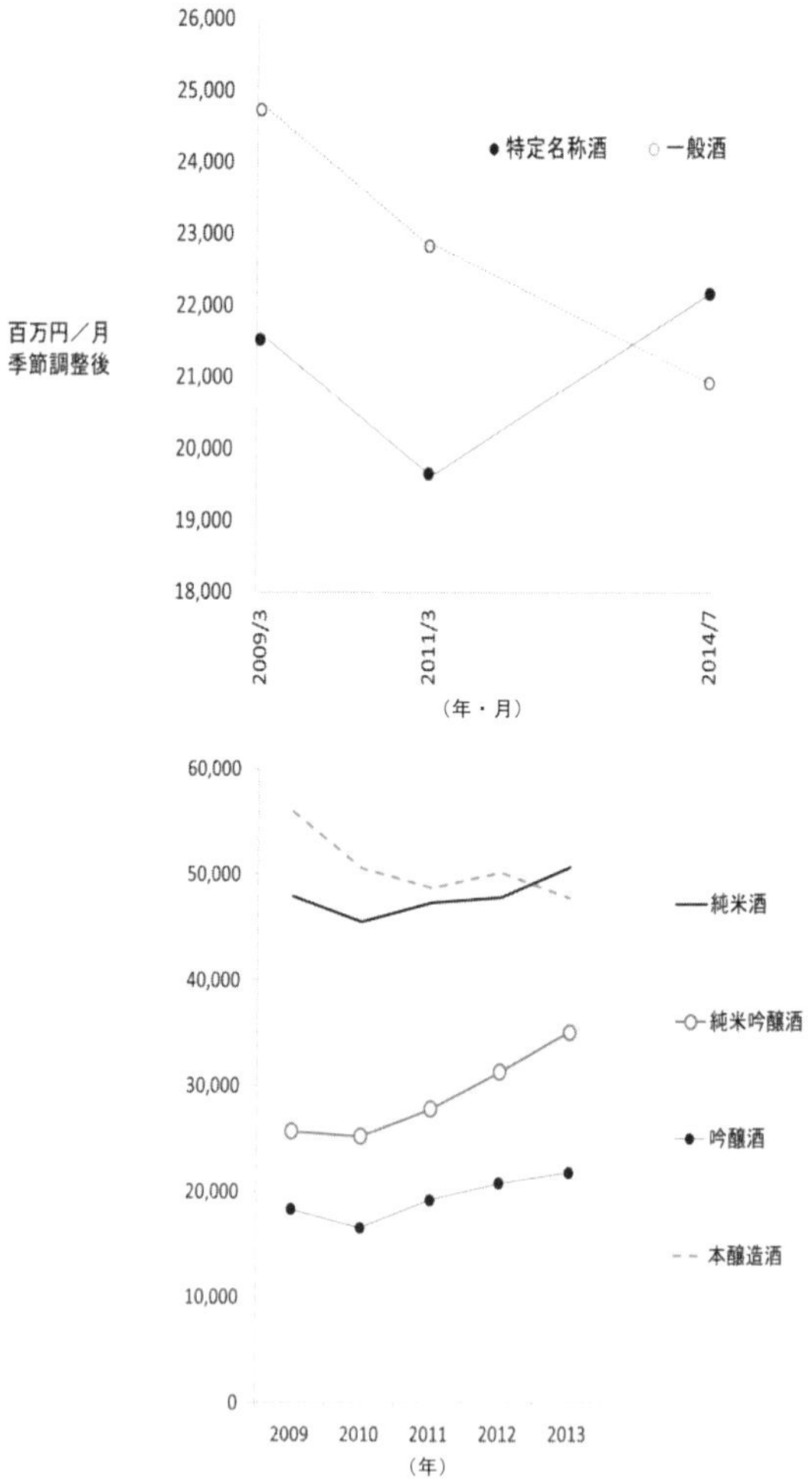

図４　全国・清酒セグメント別市場金額推計および
特定名称酒のタイプ別推移（単位：kl）
出典：佐藤（2015）

2 原材料利用をめぐる動向：地元産への注目

清酒の原材料は、通常は米、水など複雑ではありません。その清酒の原料となる米などの産地をめぐる近年の動向について、伊藤・小池（２００２）は地域の酒造業者で構成する酒造組合が酒造好適米を地域内で確保していく動きを指摘しています。伊藤（２００２）は、地域内で生産された酒造好適米を使用することによって、特定名称酒の差別化を図る動きが見られることを指摘しています。矢野（２００２）は清酒製造業が地域内の資源とともに育まれた地場産業であり、地域内にも目を向けたマーケティングを行う必要性があることを指摘しています。

そうした近年の清酒製造業が地産地消に取り組むようになった背景には、冨田ら（２００４）が以下の3点を整理しています。第1に、近年の食をめぐる事件などの多発を受け、消費者の安全・安心への嗜好が高まっており対応が必要になっていること、第2に、中小の食品加工業者が地元産原料を使用することにより付加価値を高め、それをアピールすることで生き残りを図る動きが活発になっていること、第3に、地域と一体となった伝統的な食文化の見直しや伝統食品への回帰の動きが見られることとなっています。

また、小針（２０１３）は酒造向けの加工用米の流通ルートが大きく変化していることをあげています。２００３年まで、加工用米を実需者に供給するルートは全国出荷団体（全農・全集連など）の一元的な販売に限られていました。しかし、２００４年の食糧法改正によりＪＡなども実需者と直接取引ができるようになり、直接取引を進める生産者やＪＡが増えています。直近における実需者の加工用米の調達では、直接取引の割合が過半を占めるに至っていると見られます。そうしたＪＡ等の直接取引の割合が高まっている背景には、酒造原料米は味噌や米菓などの用途と比べて高い価格で取引できるため、ＪＡ組合員である生産者の手取り収入確保につながることが指摘されています。また、「米トレーサビリティ法」の施行に伴い、２０１１年7月から清酒や酒造原料米にも産地情報の伝達が義務化されたことから、酒造業者の側からも産地が明確に把握できる直接取引へのニーズが高まっていることも影響しています。

ついで、酒造りに使用される水に関して述べます。水は清酒中の約80％を占め、酒の品質に関わりが深いことから良質の仕込み水を得るのが酒造りの第一歩とされます。水資源確保に関する実態については堂下・加藤（２００９）が整理をしています。清酒の製造に水道水を使用する酒造メーカーは従来調達してきた井戸水の枯渇や汚染といった理由だけでなく、製造規模を拡大したことで水を大量に確保する必要に迫られ井戸水を水道水に切り替える傾向が示されたことを特定しました。水道水を利用することは地酒といった地域文化に根差したブランドを棄損しかねず、各地域の酒造メーカーは伝統的に地域の水質に応じて様々な酒質を供給してきましたが、調達する水が画一化されることで酒質の多様性は失われる可能性を指摘しています。

また、武藤（２０１１）は、酒造用水中の成分が着色や味や香りの変化など、酒質に影響を及ぼし、酵母や麹の生育にとっても重要な要素となることを整理しました。安定した品質を保つためには一定の成分の水を使用することが重要ですが、井戸水などのような地下水は年間で常に一定の水

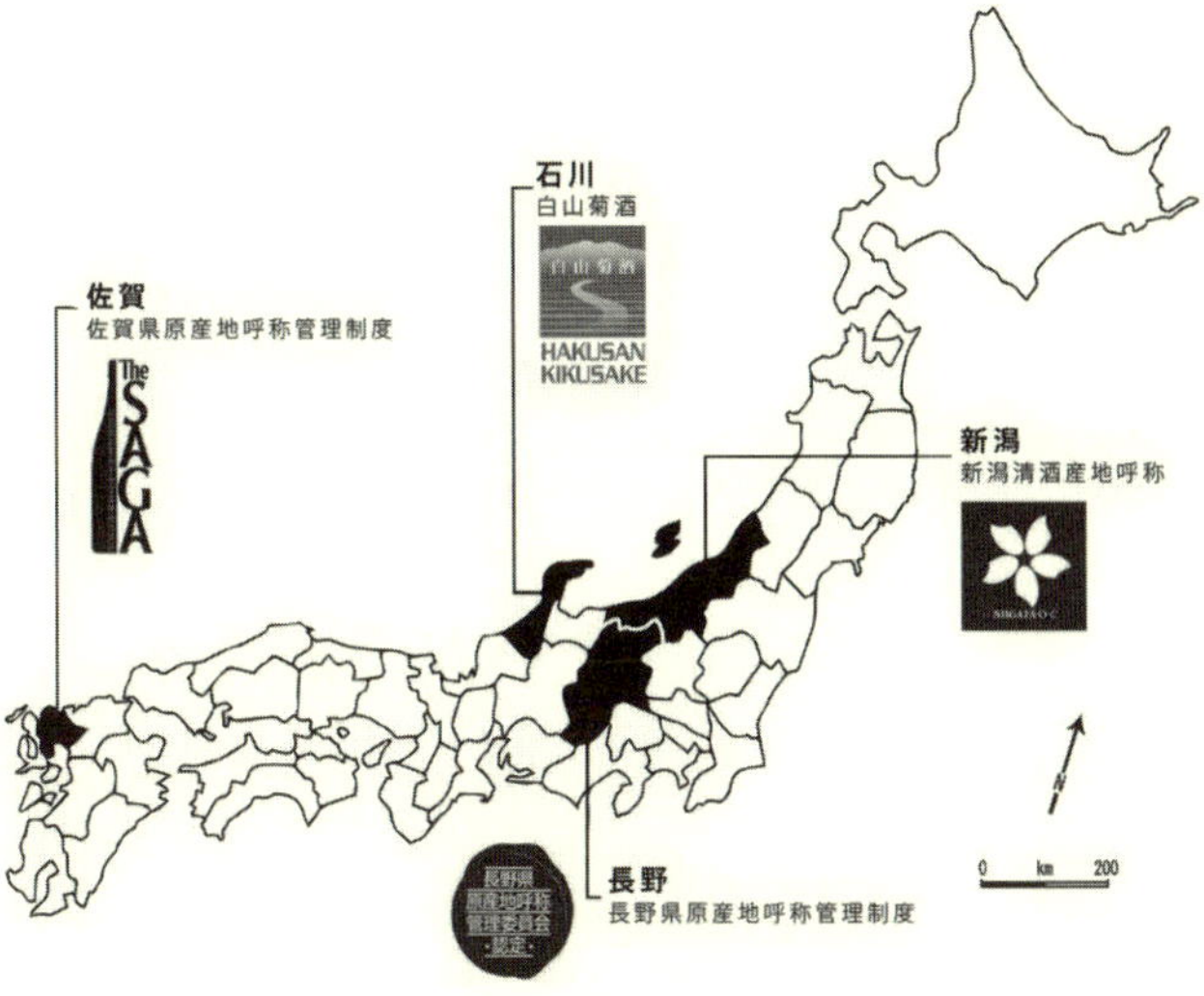

図５　各地域の清酒をめぐる制度
出典：Baumert（2013, p.17）『Peut-il exister des terroirs du saké ?』

質を保っているわけではなく大きく変動することを指摘し、１年に１回は原水の水質を確認し、各蔵の用途に適した処理方法を採用することが必要であると述べています。

3 地元産への注目を受けての制度をめぐる動き

原材料の産地を考慮する酒類の認定制度があり、最近では長野県や佐賀県で始まった「原産地呼称管理制度」など、地元産の原料を使用した酒類を認定する制度面での動きも出てきています。原産地呼称といえばフランスワインのＡＯＣに見られる「原産地呼称統制制度」ですが、これは農産品の原産地呼称を公的に保護する制度であり、ワインの場合は生産地区や品種、栽培方法、醸造方法などが厳格に定義されています。

日本では**図5**に示すように長野県原産地呼称管理制度（長野県）、佐賀県原産地呼称管理制度（佐賀県）が指定されており、原産地呼称とは異なりますが、「地理的表示に関する表示基準」として白山菊酒（石川県）が認定を受けています。地理的表示制度とは、世界貿易機関（WTO）協定に基づく制度であり、酒類や農産物で、ある特定の産地に特徴的な原料や製法などで造られた商品だけが、その産地名を独占的に名乗る権利を保護する制度です。

この地理的表示に関しては、国税庁は2015年6月12日に国産米を原料に国内で製造された清酒だけに「日本酒」の表示ができるようにする方針を明らかにしました。上述した白山ではすでにあるものの、多くの産地や銘柄では明確な定義や基準はありませんでした。そうした中で、国税庁が清酒について原産地および製造の場所を日本国内に限定することにより、海外においての清酒のブランド力を高め、輸出拡大につなげようとしているのです。

Ⅲ　テロワールと産地をめぐる動き：東北の事例

1 東北・日本酒・テロワールプロジェクト

以上の清酒を取りまく環境の概観から、清酒においては地域資源が深く結びついていることが伺えます。尾家（2011）は食の産地としての場所と人の技術から、その土地特有の食を産することができるとしていますが、その代表的な概念としてフランス語の「テロワール（terroir）」をあげています。テロワールは一般にはワイン用語としてブドウ栽培における土壌、地形、気候とワイン醸造における技術を総合して指す概念として使用されます。テロワールはフランスの農業に深く根差した概念であり、1930年に法律化されたＡＯＣ（原産地呼称統制制度）の基本概念でもあります。

ワインにはテロワールが存在しますが、清酒にも同じような概念が存在するかどうかに関して、Baumert（2013）が、今日の清酒の販売量が低下している一方、購入者の清酒の選び方が変わり、生産地に重点を置くようになったことを整理しており、清酒のテロワールを正当化することが現在改めて見直されていることを指摘しています。

野間（2006）では、清酒の地方産地は、産地としての個性化を目指すことで差別化を図ることを課題としています。酒質の違いは個々の蔵の技術だけに依存するのではなく、地域の気候や土地条件にあって開発されてきた酒米や酵母、固有の水質をもつ地下水など、それぞれの地域固有の資源によって特徴づけられるだけでなく、酒蔵自体が風土的・文化的な性格をもつと整理をしています。

そうした中で、東北農政局は2015年5月に米や酒の産地である東北において、ニーズに対応した高付加価値清酒の拡大を目的として「東北・日本酒テロワール・プロジェクト」を立ち上げました（東北農政局、2015）。これは米生産者と酒造業者が協力・協働し、地元地域の酒米を使った「ストーリー性」をもつ高付加価値の日本酒を連携して生産・販売していく取り組みです。

今までは、そのような取り組みは国内ではあまりなされてきませんでした。要因としては米生産者や生産者組合に酒米に関する知識が足りなかったことと、米生産者と酒造業者の交流や接点がなく、接点を見つけるノウハウもなかったためです。安定的な酒米の提供や適正価格での取引などが米生産者と酒造業者の交流・コミュニケーションを通じてなされています。

清酒は、酒蔵の歴史や酒の製造方法など、様々な情報も合わせて飲まれることも多く、情報伝達力と発信力の高い商品といえます。これらの情報は、一般に土地や気候条件に左右されやすい農産品において、ブランドとしての品質と価格の安定性をもたらす上で非常に重要であるといえるでしょう。加えてテロワールという言葉を通じ、清酒だけでなく原料米が生産される水田や地域全体へ消費者の関心が広がることが期待できそうです。テロワールは、農業生産に関する産地の概念を超えて、商工業者や消費者である住民が一体となった経済圏を構築することも提案されています（石田、２０１５）。

しかし、そうしたブランドは消費者にその価値が伝わってこそブランドの意味があるといえます。地域のブランドは、その土地、生産物、歴史、人、文化などといった固有の資源をどのようにして共感させ、消費者と結びつけるのか、その土地と人との個性ある物語やストーリーが求められます。一方でGergaud ら（２００８）によると、ワインにおいて品質や価格を決めているのは地域特性としてのテロワールではなく技術とされており、ワインにおけるブドウと異なり、保存が可能な酒米を原料とする清酒のテロワールと品質の議論もまた必要であることを強調しておきます。

2 東北の事例

普通酒が減少する一方で、米を大量に使用する純米酒や純米吟醸酒の伸長が顕著です。これらの酒類は、米の特性がその品質を左右します。そのため、農業に関心が向けられるのは自然です。しかし、日本の清酒産業は農業との結びつきが弱かったのです。東北は米どころであり、かつ特定名称酒のウエイトが高かったのですが、全国同様、農業との結びつきは弱い状況でした。

これは米に関する国等の管理が厳しく、蔵元が関与することが難しかったためです。戦中の米不足や戦後の農地解放、近年まで続く国家的な管理のもとでは、清酒蔵元による原料生産は難しい状況が続いてきました。酒米も食糧管理法や減反の管理対象であり、最近まで酒造組合が農協を通じて酒造用の加工米を入手し配給するスタイルが一般的でした。

このような制約は近年急速に緩みつつあり、蔵元自らが米を生産する動きが急速に広がりつつあります。それは減反等の管理システムが緩みはじめたことや、借地であれば企業に農業参入が可能となったことなどの規制緩和に加え、高齢化による退出に伴い農家の大型化が可能となったり、高級酒の伸長によって高価な酒米へのニーズが高まったりするなど、米農業が産業化しつつあることを反映したものです。

高齢化による担い手の退出によって、農地を借りて耕作する動きが一般化してきています。借用できる田の多くは細切れで集約化のメリットを発揮するまでには至っていないものの、大規模な農業生産法人等では、合計数百haに及ぶところも珍しくありません。清酒メーカーも原料生産に関与する条件が整いつつあります。地域農業と結びつき、原料の多くを自社の農園等から調達する、新しい産業集積（垂直連携）の進展が期待できます。

ワインでは、原料畑の気候や土壌の特色が、商品価値の一部を構成しています（テロワールと称します）。また、フランスでは、そのような付加価値を積極的に構築し保護するために、１９３５年に原産地統制呼称法（ＡＯＣ法）を定めています。これは、原料の土地や品種、収量等の基準をクリアすれば、国が定めた呼称をラベルに謳うことを認めるものです。ブドウと異なり、収穫後に持ち運ぶことが容易な酒米を醸す清酒では、ワインと異なったテロワールの考え方が必要とみられますが、原料が重要な点には変わりありません。

原料を重視する蔵元は自らの関与を強めています。20世紀は農協‐酒造組合経由で酒米を入手してきました。21世紀に入ると農家との契約栽培が盛んとなり、足元では自ら米を作付けするケースが急増しています。

数年前（２０１２）の取材時点において、日本の清酒メーカーで最大級の自社農園を有していたのは福島県・喜多方市の大和川酒造店でした。２０００年頃から農業生産法人を設立し米作りに取り組んでおり、当初、わずか２haであった作付面積は、約10年間で十数倍の27haに達しています。

大和川酒造店は、寛政２年（１７９０）創業の伝統蔵です。郊外に製造所の飯豊蔵がある他、創業地に観光施設として旧蔵を残しています（北方風土館）。

大和川酒造店では1983年から純米酒生産を始めていますが、そのきっかけとなったのは、隣接する旧熱塩加納村（現喜多方市）で進められつつあった有機農業でした。有機農業は、安心安全意識が浸透した今日でも日本全体の0・2％しかありません。蔵近郊の田園地帯である旧熱塩加納村は1980年代から米の有機農業に取り組み、近年（2008）では水稲の十数％に相当する47haが有機農業となっているなど、日本の最先端地域です。このように地域全体が安心安全志向を強める中で、大和川酒造店も地域の米を利用した酒造りにシフトしていったのです。

大和川酒造店では、一般酒の製造は7～8年前から中止しており、生産されるのはすべて特定名称酒です。酒造好適米はほとんどが自社の農業生産法人の生産となります（一部は委託生産）。

大和川酒造店のこのような特徴は多くの固定ファンを掴んでいます。それは、個人ユーザーに限らず、通販や酒販店等、一部流通にまで及んでいます。このためか、自社の領域を超えて、福島県全体の風評被害を減らす支援活動まで行っています。例えば、福島県は有数の桃の産地でしたが、東日本大震災後は風評被害により販売不振となったことから、大和川酒造店では桃の果汁と日本酒をブレンドしたリキュールを製造販売し、好評を博しました。風評被害に関しては徹底した情報公開によって、作り手と受け手の情報ギャップを埋めるしかありません。難しいことではありますが、大和川酒造店のように、原料の製造段階から、互いの顔が見える関係を構築してきたところは、その種の信頼が蓄積されているのでしょう。

今日では大和川酒造店規模の作付けは珍しくなくなりつつあります。これは、前述のように規制緩和と米農業の産業化を反映したものです。清酒蔵元による酒米からの一貫生産は、間違いなく、日本を代表する六次産業といっていいでしょう。持ち運び可能な米の特性を鑑みれば、他地域農家への委託生産の場合も、六次産業の範疇に入ると考えられます。このようにして醸された高級酒は内外需ともに好調であり、各地域を支える産業となることも大いに期待できます。

我が国は六次産業化法を地方創生の要と位置付け、六次産業化法により、各種支援を実施しています。但し、六次産業化法の対象は農林漁業者に限定されており、清酒蔵元は酒米を手がけても六次産業化法の支援対象とはなりません。一方、ブドウ栽培から手掛けるワイナリーは同法の対象であり、政府による六次産業化ファンドの目玉となりつつあります。日本文化を反映した清酒は六次産業化法の対象外で、欧米文化を反映したワイナリーが対象となるという現状は、我が国の自国文化に対するスタンスを象徴しているのかもしれません。

もう一つ気になるのは、清酒蔵元が農家に委託生産する場合に、農家の清酒に関する商品知識や業界知識が少なく、適した酒米を生産することが難しいケースが多いことです。フランスのワイン産地であるボルドーやブルゴーニュには、ワインの商品知識や業界事情を踏まえつつブドウ栽培を教える農業高校や職業訓練校があり、これらの卒業生がフランスワインの品質を支えています。日本には、そのような情報を米農家に伝える教育機関やプログラムがありません。酒米を大量に使用する高級清酒の生産が拡大するなか、このような情報不足がボトルネックになることが心配されます。

Ⅳ　原材料利用のあり方：北陸の事例

1 石川県の酒造りにおける原材料利用の実態

本節からは実証的な議論をします。具体的には、石川県の各酒蔵へのヒアリングから得られた、酒造りに使われる酒米や水の原材料利用についての動向をまとめます。なお、以降のデータはあくまでヒアリングに基づいたものであるという限界はあります。ただし、このようなデータは公的な統計調査においてデータが整備されておらず、かつ研究調査においても広域地域を面的に調査した例も少なく、希少なものといえます。

①酒米

まず、酒米に関して、２０１４年の能登・金沢・加賀地域の酒蔵における酒米の県内産地の割合を示します（**図6参照**）。能登地域では、すべての蔵が5割以上は県内産の酒米を使用していることが分かります。一方で、金沢・加賀エリアに関しては、一部ですが、県外産が県内産よりも高い割合を占めている蔵もあることが分かりました。能登・金沢・加賀地域全体としては県内産が平均して6割を超えており、地元産の酒米利用にこだわっていることが分かります。

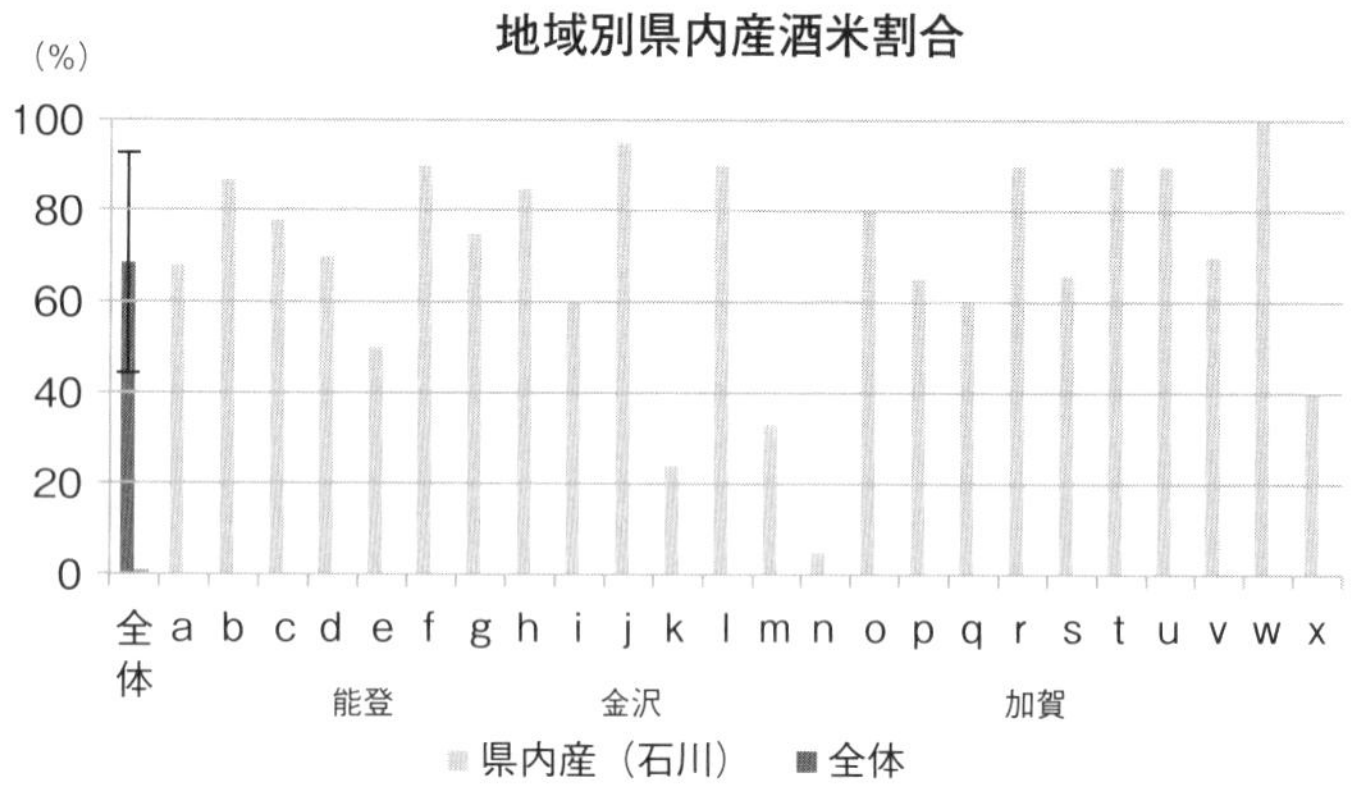

図６　石川県の酒米産地の比較
（筆者のヒアリング結果より）

②水

次に、酒造りの際の水の利用の地域差について調査した結果、能登地域では、他の蔵と比べて湧き水の利用が多いことが分かります（**図7**参照）。それらの湧き水は、地元の山の湧き水が多いようです。他には海洋深層水で一部酒造りを行っている蔵もありました。金沢地域では、水道水を濾過して利用している割合が比較的高いことが分かりました。加賀地域では、湧水と井戸水の使用が多く、白山の水を使用していることが分かります。

酒造りに用いる水に関して、能登の酒蔵（**写真1**）では、酒蔵の隣の山の湧き水を使用しており、生活水にも使用しています。20年前に金沢大学の地質学者が水質を検査したところ、白山の伏流水が沈み湧きあがっているとの情報もありました。以前、水を引いている城山に県道を切り開いたことで、水が利用できなくなることが危ぶまれたこともありましたが、問題は

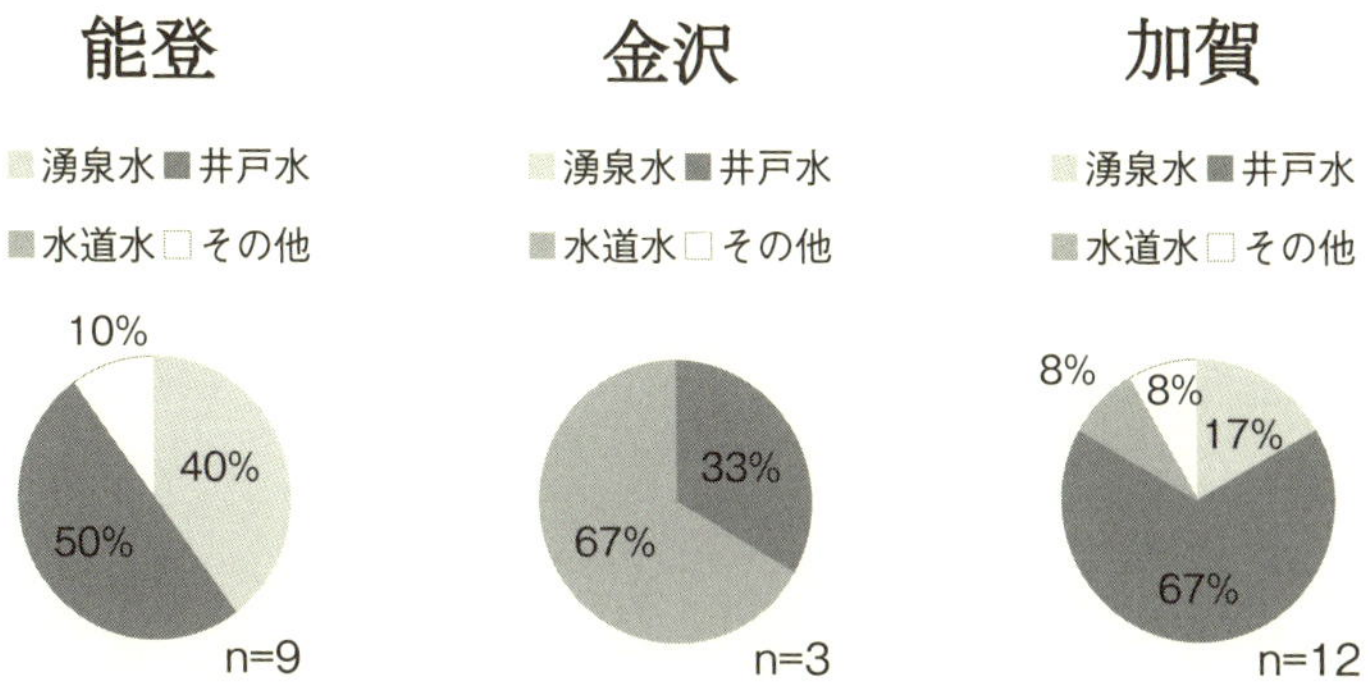

図７　能登と金沢と加賀における水源地の割合
（筆者のヒアリング結果より）

写真１　能登の山の湧き水：筆者撮影

写真２　酒蔵の敷地内の湧水：
筆者撮影

ありませんでした。それから毎年水質を調べていますが影響はないとのことでした。**写真2**は酒蔵の敷地内の水源地です。良い水が取れるためその場所に酒蔵を建てた例も見られるなど、水の水源地が酒蔵と密接な関係にあることが分かります。

2 原材料利用の変化と要因

以上では、能登・金沢・加賀地域における酒造りの原材料利用の動向をまとめましたが、ここではさらに、原材料利用の変化とその主な要因についてのヒアリング調査結果をまとめます。

① 酒米

まず、酒米の変化の有無の割合を地域別でまとめた結果、能登地域では9蔵中6蔵（67％）、金沢地域で3蔵中3蔵とも（100％）、加賀地域で12蔵中8蔵（67％）と、ほとんどの酒蔵が使用する酒米を変えたことがあることが分かりました（**図8**参照）。

次に、酒米を変えた主な要因をまとめた結果（**表3**参照）、能登地域では「酒造りの最高責任者でもある杜氏が酒造りの際に使いやすい酒米を選んだから」、「地元産米を使いたかったから」など、杜氏の技や産地へのこだわりを見ることができました。また「原料米が確保できず、新しい調達ルートを確保する必要があるため」、「契約栽培を始めたから」など、酒米が安定的に確保できず、独自の調達ルート作りをする蔵や、契約栽培などに取り組む蔵も見られました。

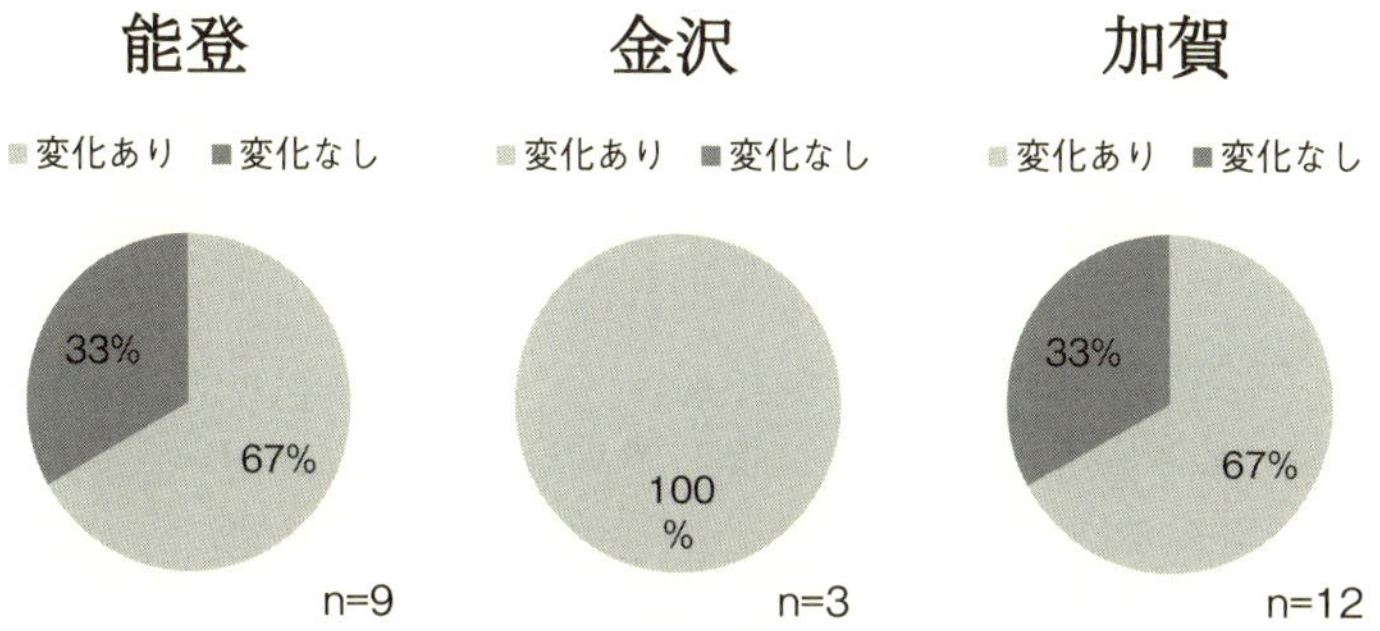

図８　能登・金沢・加賀の酒米利用変化の割合
（筆者のヒアリング結果より）

表３　酒米の利用の主な変化要因について

	能登	金沢	加賀
変えた要因	杜氏がよく使う酒米だから 新しい調達ルート確保のため 米が手に入らないから 出来がよくなかったから 地元の米を使いたいから	有機ブームのため使用を始めたから 途絶えかけた酒米の生産者を支援するため契約栽培を始めたから	白山菊酒に認定され「濃く豊かな味」を求めたから 地元の米を育てないといけないから

写真３　能登の契約栽培農家：筆者撮影

写真４　酒蔵の敷地内で育つ山田錦：筆者撮影

金沢地域では「有機ブームのために使用を始めた」、「生産者を支援するため契約栽培を始めた」など、消費者の嗜好の変化に対応して酒米利用を切り替えたことや、生産者との密接な関係作りを目的にしている蔵が見られました。

加賀地域では、「安定的な確保のため敷地内で栽培している」、「地元のものを使いたい」など、酒米の確保への取り組みや地元の米へのこだわりが見られた一方で、例えば白山市の酒蔵では２００５年に「白山菊酒」の地理的表示による産地保護の指定を受けたことで求める酒の味が出る酒米の利用に切り替えたという蔵もありました。

酒米確保の取り組みに着目すると、能登地域では、一部、地元農家と契約栽培を行う蔵がありました（**写真３**）。その蔵では、酒米のうち約60%が契約栽培による酒米を使用し、全体の約90%に能登産の酒米を使用しており、地元産の原材料にこだわっています。その背景には、酒造組合から支給される酒米の品質や量が安定していなかったことに加え、地域貢献という点もありました。また加賀地域では、敷地内で山田錦の栽培を行う蔵も見られました（**写真４**）。

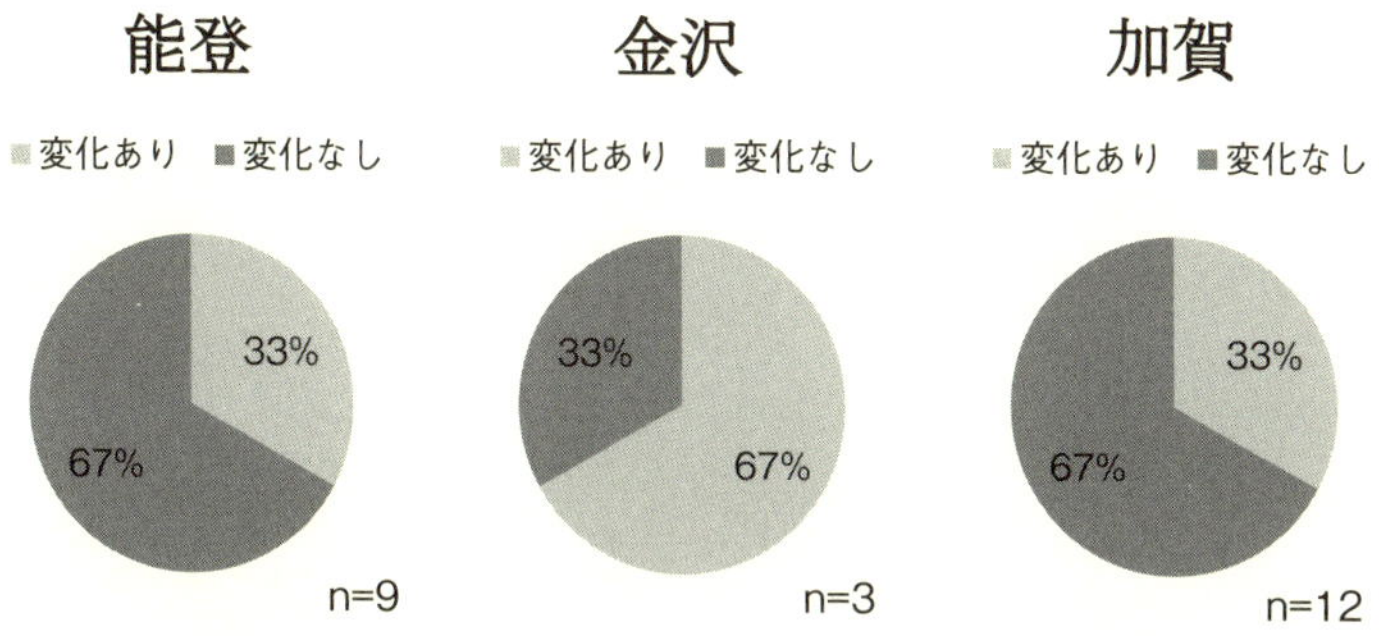

図9　能登と金沢と加賀における水の利用の変化の割合

表4　水の利用の変化について

	能登	金沢	加賀
変えた要因	労働の問題 今の水源地がより酒造りに適していたから 地震で水が引けなくなったから	製造量が増えたため	融雪装置を導入したことで水質が変わったから 蔵を今の場所に変えたから

② 水

また、使用する水の変化の有無の割合を地域別でまとめた結果、能登地域では9蔵中3蔵（33%）、金沢地域では3蔵2蔵（67%）、加賀地域に関しては12蔵中4蔵（33%）の蔵が、利用する水を変えたことがあると分かりました（**図9**参照）。

その主な要因を**表4**にまとめました。能登地域では3蔵が使用する水を変えており、「山の湧き水を汲んでいたが労働力がなく変えた」、「今の水源地の方が酒造りに適していたから」など、他地域に比べ、家族経営で小規模な蔵が多く、また高齢化などの問題もあって労働力が不足していることが理由としてあげられました。また「２００７年に発生した能登半島沖地震の影響で水が引けなくなったから」など、震災による影響もあげられました。金沢地域では２蔵が水を変えており、清酒製造量の拡大による水の切り替えが、使用する水を変えた要因でした。加賀地域では４蔵が変えており、融雪装置を導入した影響による水質変化、蔵の場所変更による水源地変更などが、使用する水を変えた要因でした。

❸原材料利用の方針と広域連携の取り組み

以上の調査結果から、原材料利用のあり方には石川県内において地域差があることが明らかとなりました。以下では、酒蔵の原材料利用と広域連携を含む経営方針を統合的に分析した結果を示します。

まず経営方針について、能登地域では蔵ごとに方針が異なっています。清酒の消費地は地元がほとんどですが、一部、海外に出荷している蔵もありました。原材料の利用も蔵ごとに異なりますが、基本的には地元志向で、地酒を名乗るからには地産地消を大事にしたいという蔵が多く見られました。その方針の背景には、コスト面を抑えた酒米を確保したいとの意識もあるようでした。他方、地元以外の酒米を使用する蔵の中には、一番品質が良いとされる兵庫県産山田錦を使用している蔵も見られました。

また、金沢地域では、金沢には蔵が５つあり、地元志向の蔵が多いながらも３蔵が販路開拓で輸出を行っていました。地元志向の背景には、長年関係を築いてきた飲食店や酒販店とのつながりがありました。原材料利用においては、地産地消の地元志向の蔵と、品質へのこだわりから県外産を使用する大手の蔵との2極化が伺えます。大手の蔵であればあるほど、小規模農家がほとんどである県内産酒米では十分に量が確保できないため、県外産酒米を使用しているようです。

加賀地域では、消費地に関しては基本的に石川県内での消費が多いものの、首都圏や海外輸出にも取り組んでいる蔵などもあり、蔵ごとに差異が見られます。原材料利用に関しては、地元農家との契約栽培など地元産へのこだわりも見られ、地元の農業への貢献を希望する意識が強いことが分かりました。山田錦に関しては県外産のものが多く使用されていますが、自社で山田錦を栽培している蔵も見られました。また、代替わりを機に地元産原材料利用に切り替えた蔵もありました。

能登・金沢・加賀地域における後継者の問題に関しては、経営面での後継者はまだ考えていない蔵が多く、造り手の面に関して金沢地域と加賀地域では酒造りの技術を社内で蓄積している、または蓄積を希望する蔵が見られました。後継者や担い手の確保は、今後酒造りを続けていく上で大きな課題であると思われます（表5参照）。

最後に、原材料利用のあり方と関連する酒蔵の枠を越えた取り組みや広域連携について説明します（表6参照）。

酒蔵の枠を越えた取り組みとして特筆すべきものの中に、金沢酒造組合と金沢地域の5蔵が開発した「ごぞう」というブランドがあります。これは、金沢産の米と酵母を使用したもので、蔵を越え、地域の農業と連携した地元産原材料利用による清酒のブランド化が行われています。

表５　酒蔵の経営方針と原材料利用の関連性

	能登	金沢	加賀
消費地	地元志向 一部首都圏や海外	地元志向および首都圏や海外へも販路開拓	
原材料産地	地元志向、山田錦は兵庫県（一部地元産）	地元志向と県外産使用の2極化	
後継者など	若い人や後継ぎはいるがあまり考えていない	後継ぎはいるがあまり考えていない	後継ぎはいるがあまり考えていない 代替わりをした際に地元産原料利用へ移った

表６　酒蔵の広域連携の取り組みと地域との関連性

	能登	金沢	加賀
広域連携	奥能登清酒	ごぞう	白山菊酒
概要	白山菊酒を参考に統一の動きがあったが、規模や方針の違いからまとまることができず、名前のみの統一	金沢産の米と金沢で生まれた酵母を使用し、金沢市にある５蔵と酒造組合が共同開発したブランド	水は白山市産のものと規定をしているが、米に関しての産地に関する指定はない

加賀地域でも、蔵の枠を越えた取り組みとして、前述した白山市の５蔵による白山菊酒の地理的表示があります。白山菊酒の定義によると、米の産地指定まではないものの、原材料となる水は白山市産のものと規定し、地域との関わりを強く意識しています。

能登地域では、鳳珠酒造組合の11蔵が、白山市の地理的表示の事例を参考に、原材料の統一をしようとする動きがありました。しかし、白山市の５蔵に比べ、能登の11蔵は規模が大きく、それらの方針の違いなどから、地理的表示の登録にまではまとまることができませんでした。ただ、現在は「奥能登清酒」という名前を統一し、ホームページでの情報発信を行っているなど、地域連携が進められています。

V　まとめ

ここまで見てきたように、清酒における六次産業化の取り組みは活発になってきており、原材料の地元産が注目されるという全国的な動きも見られます。本章では、清酒では全国で唯一地理的表示の制度として登録されている白山菊酒や世界農業遺産に登録されている能登半島がある石川県の北陸の事例と、地酒造りが活発で2011年の東日本大震災から復興していくプロセスにある東北の事例を題材としました。

東北の事例からは、地元産の酒米生産が活発化している背景として、「米生産者と緊密な関係を築くことで、質量両面で安定した酒米の確保が期待できる」ことが指摘されています。また、日本の清酒メーカーにおいて最大級（2012年時点）の自社農園を有していた伝統蔵の事例からは、原料の製造段階から、製造から消費に至る関係者間で、顔が見える関係を構築することの重要性が理解できます。同蔵では、自社農園をもつことによって六次産業を営んでいます。ただし、清酒の原材料である米は移動させることが比較的容易であるため、自社農園をもつことは、原材料の生産から酒造りまでを一貫して管理する体制の一選択肢にすぎません。原材料について他地域農家への委託生産を行う場合など、多様な体制を選択することが可能です。

地元産への注目は北陸の石川県でも高まっています。ただし、石川県においては、海外での和食ブームに伴った日本酒の人気を追い風に、酒米の需要は増加傾向にあるものの、需要と供給が追い付かず、酒米の山田錦が不足しているといった現状もあります（北國新聞、２０１４）。そうした動きに合わせて、地元内で高品質な酒米である山田錦の栽培に取り組む酒蔵や契約栽培を行う蔵も見られ、今後も独自に高品質な酒米を地域内で確保する動きは広がっていくと考えられます。石川県酒造組合連合会としても山田錦に変わる地場産米を新たに開発しているなど、今後の動向が注目されます。

また、石川県白山市は県内有数の酒どころです。酒米生産に関しても石川県内の生産量の約９割を占めており、市内では酒造会社と地元農家が連携をして酒米を安定的に確保する取り組みも始まっています。作付面積を拡大させることで市内産米を使った酒造りを促す狙いがあるようです。

各地域の事例から、酒蔵が米作りから一体的に酒造りに関わる清酒の六次産業化において、酒米を栽培する農家との連携や、地場産の酒米開発等をめぐる動きは、今後の産地ブランド戦略を考える上でもますます重要になってくると思われます。その中で米生産者、酒造業者が安定的に経営を継続できるような取引関係を築くために、両者での十分なコミュニケーションを前提に、安定的な取引価格の設定、契約取引の促進等、具体的な取り組みを進める「共生できる取引関係」を築く必要があり（週刊農林、２０１５）、米生産者と酒蔵の連携が、六次産業化を進めていく上での重要課題といえるでしょう。

謝辞
本稿のⅣ節は、又木実信氏の修士論文がベースとなっており、多くの酒蔵に協力を得ました。また、副査の先生との議論、日本知財学会の第13回年次学術研究発表会にて有益なコメントをいただきました。この場を借りて御礼申し上げます。
本研究は、科研（基盤C）「生物多様性に関わる国際認定制度を活用した地方自治体の戦略の定量的比較分析」（課題番号２６３６００６２）並びに平成25年度環境省環境研究総合推進費の採択課題１－１３０３「生態系サービスのシナジーとトレードオフ評価とローカルガバナンスの構築」の一環として実施されました。

参考文献

石田一喜（２０１５）「企業参入と地域の農業　制度的変遷・現状と展望」『農業への企業参入新たな挑戦』ミネルヴァ書房、1-76。

冨吉満之・香坂玲（２０１４）『農業参入企業および営農集団による耕作放棄地の解消を通じたローカル・ガバナンスの再構築—石川県七尾市能登島の事例から』環境共生、日本環境共生学会、ｖｏｌ．25、54-61。

武者英三監修（２０１１）『蔵元を知って味わう日本酒事典』ナツメ社、56。

Baumert, N. (2013)『Peut-il exister des terroirs du saké?』Ebisu, Études japonaises, (49), pp.5-29
ＪＴＢ総合研究所（２０１２）『観光と食文化研究レポート～日本酒の海外展開について～』http://www.tourism.jp/column-opinion/2012/11/food-culture/（２０１５年12月25日確認）。

佐藤淳（２０１５）『工業製品から文化製品へシフトする清酒産業』金沢大学ＫＵ－ＧＬＯＣＳ【ＡＣＴ．10】シンポジウム「グローバル時代と過渡期にある日本酒　産地ブランドの全国の事例から地方再生を考える」２０１５年6月29日、しいのき迎賓館。

佐藤淳（２０１２）『地方再生には「何をつくる」べきか』日経研月報、1-4。

佐藤淳（２０１４）「東北の清酒産業の変貌と今後の方向性」伊東維年、山本健兒、柳井雅也編著『グローバルプレッシャー下の日本の産業集積』日本経済評論社、１１６-１１９。

伊藤亮司・小池晴伴（２００２）『製品差別化進展下における酒米の需給動向―主に新潟県を対象に』農業経済研究、別冊、日本農業経済学会論文集、18-23。

伊藤亮司（２００２）『酒造業における原料米需要の現状と系統農協の販売対応の課題』協同組合奨励研究報告、27、２７１-２９６。

矢野泉（２００２）『「地場産業」としての清酒製造業の課題―広島県瀬戸内沿岸地域L酒造を事例として』広島大学農業水産経済研究、(10)、1-12。

冨田敬二・藤原亮介・内藤重之（２００４）『酒造業者を中心とした地産地消の取組実態と課題―大阪府N酒造の取組を事例として』農政経済研究、26、51-62。

小針美和（２０１３）『酒造好適米をめぐる動き』農中総研、調査と情報、(35)、6-7。

堂下浩・加藤啓一郎（２００９）『酒造業界における水資源確保に関する実態』東京情報大学研究論集、13（1）、49-58。

武藤貴史（２０１１）『醸造用水の現状と問題点』日本醸造協会。(http://www.jozo.or.jp/wordpress/wp-content/uploads/2011/09/356db1862ac5b9cc2112becfbbbc2bf9.pdf#search='%E9%86%B8%E9%80%A0%E7%94%A8%E6%B0%B4%E3%81%AE%E7%8F%BE%E7%8A%B6%E3%81%A8%E5%95%8F%E9%A1%8C%E7%82%B9'２０１５年12月5日確認)。

尾家建生（２０１１）『場所と味覚―フードツーリズム研究へのアプローチ』大阪観光大学観光学研究所・所報「観光&ツーリズム」16、24-32。

野間重光（２００６）『焼酎ブーム下の清酒産地の変容と課題』熊本学園大学産業経営研究、25、37-54。

東北農政局（２０１５）『東北・日本酒テロワールプロジェクト』東北地域における酒米の生産拡大等に関する検討会レポート、1-15。

Gergaud, O. & Ginsburgh. V.（2008）『Natural Endowments, Production Technologies and the Quality of Wines in Bordeaux. Does Terroir Matter?*』The Economic Journal. 118(529). pp.142-157
北國新聞、２０１４年6月25日朝刊。

週刊農林、２０１５年9月25日、『東北農政局「東北・日本酒テロワール」プロジェクト 東北の米と日本酒の力を発揮』。

八久保厚志（２００８）『清酒業の構造変化と産地対応：構造改変期における対応と国際化』人文学研究所報、41、1-10。

5 農業の六次産業化・異業種参入・ハイテク化・オランダ
――四つのキーワードから日本農業の将来像を考える

久留米大学商学部教授　梶原　晃

Ⅰ　はじめに

最近、農業の六次産業化という言葉を、まるで流行語のように私たちの身近で聞くことが多くなりました。この農業の六次産業化とは、簡単にいうと、一次産業である農業と、二次・三次産業である加工・販売を結びつけ、新たな付加価値を生み出そうとする取り組みのことです。そして、この取り組みを、農業と加工・販売のどちらが主導権をとるかで、大きく二つの流れがあります。一つは、原材料供給側の農業セクター（一次産業）が中心となって、需要側に近い加工・製造セクター（二次産業）や販売・流通セクター（三次産業）へと事業の範囲を拡大する流れ、もう一つは反対に、製品需要側の二次・三次産業側が農業セクターへ参入し、一体となって事業展開をしようとする流れです。後者の二次・三次産業による農業セクターへの進出は、農業への異業種参入とも関連します。

この農業への異業種企業の参入については、これまでにもさまざまな形態で試みられてきました。必ずしも失敗ばかりというわけではありませんが、それほど容易でもありません。もちろん、異業種への参入というのは、参入元の産業と参入先の産業では、さまざまな違いがあるため、通常でも簡単に進まないものです。ただ、そうしたことを考慮したとしても、農業にはさまざまな参入障壁があります。

一つには、農業自体のもつ特殊性です。農業では商品となる作物を栽培して出荷しますが、その種苗の状況や植え付ける圃場の環境、さらに気象・天候等の外的な自然条件に大きく左右されます。また、製品である農作物は、市場の需給状況によって価格が大きく変わります。農業では、その植物のもつ特性を踏まえて、ある一定のサイクルで作物が生産されるため、そのサイクルを変えることは容易ではありません。そして、作付けから収穫までの栽培期間が長い作物の場合には、年間で栽培できる回数が限られるため、個別の農家では栽培技術のノウハウを蓄積することは難しいとされてきました。

また、もう一つの問題は、農業を行うための土地、すなわち農地の利用に関する問題です。この間いろいろな工夫がなされてきましたが、農業へ参入しようとしても、その生産の場である農地を手に入れることは、さまざまな理由から容易ではありません。したがって、異業種の企業が農業へ参入する場合に、広大な農地を必要としない野菜工場のような、ハイテクを駆使した近代的な農業を行う企業も現れました。本章では、こうした先端技術を用いた農業のことをまとめて、「ハイテク農業」と呼ぶことにします。例えば、野菜工場は人工光や人工気象、さらにはＩＣＴ（高度通信情報技術）といったハイテクを駆使した生産設備で、植物工場とも呼ばれるものです。こうした野菜工場の流れは、農業への参入障壁である栽培技術の習得をハイテクで補うとともに、農地取得にこだわらず、他の産業と同じように自由に場所を確保してそこに野菜工場を建設し、農業へ参入しようとする異業種企業の一つの取り組み方として理解することができます。

ところで、現代日本の食糧生産基盤は脆弱であるといわれています。限られた国土で、しかもその中でも少ない平野部で、農業は営まれています。食料自給率という用語があります。これは国内で必要とされる食料が国産でどの程度賄えているかを示す指標のことです。これには、熱量で換算するカロリーベースと金額で換算する生産額ベースがあり、二つの指標とも長期的に低下傾向で推移しています。日本のカロリーベースの食料自給率は40％弱に過ぎず、先進諸国の中でも最低のレベルです。こうした中、政府は２０２０年までの目標食料自給率をこの先45％に向上させるとしています[1]。しかし、肝心の農業の担い手は減少を続け、しかも高齢化が急速に進んでいます。一方、目を外に転じれば、ＴＰＰやＥＵとの経済連携協定（ＥＰＡ）をはじめとする農産物の輸入自由化交渉が進む中で、より一層の農産物の品質向上や生産コストの削減により、競争力のある農業の構築が政策的な課題となっています。

現在、日本農業の構造改革が声高に叫ばれています。国は一次産業の雇用と所得を確保し、若者や子供も集落に定住できる社会を構築するため、農林漁業での生産と加工・販売の一体化や、地域資源を活用した新たな産業の創出促進など、農林漁業の六次産業化を積極的に後押ししています。また、今進められている地方創生とのからみで打ち出されている農業の活性化策も多岐にわたっていて、これらに、農業の六次産業化や異業種参入、ハイテク化に関連するものが数多く含まれています。

その中には、海外のハイテク農業の先進事例を積極的に日本国内へ導入して、国際的にも競争力のある、強い農業を目指すというプロジェクトがあります。ハイテク農業の積極的な導入により異業種企業の農業への新規参入を促進し、六次産業化の動きを加速化して、ひいては農業にお金と活力をもたらそうというシナリオです。その際に成功事例としてしばしば紹介されるのがオランダのハイテク農業です。確かに、オランダではハイテク農業がさかんで、国際競争力のある農業が展開されています。ただ、オランダのハイテク農業の背景を詳しく見ていくと、そこには周到に準備されたさまざまなしくみと時代の変化への不断の対応があって、単にハイテク農業だけで成功を収めているわけではないことがわかります。

本章では、「農業の六次産業化」とその動きを考える上で欠かすことのできない「農業への異業種参入」、加えてその動きを背後で支える「農業のハイテク化」とそれを実現して成功を収めている国「オランダ」という四つのキーワードを手掛かりに、日本農業の将来像を検討することにしました。

私は2005年ごろから約5年間にわたり、オランダを中心にEUと行き来を続けて、現地の農業の変化を見てきました。最初の2年間はオランダの隣国ドイツにある大学の客員研究員として、次の3年間はオランダに本拠地をもつコンサルティング会社の日本法人のマネージャーとして、ほぼ毎月のように情報の収集をしていました。また、日本の大学の研究者となってからも機会があればEU各地を訪問し、継続して農業ビジネスの定点観察を続けています。この間には、EU統合後の市場拡大と域内での市場競争、それらに対応した社会、経済、そして農政改革という、日本では想像できないくらいの変化を目のあたりにしてきました。こうした変化を通じて、国際競争力のある農業というものが一体どのようなもので、日本の農業とは根本的にどのように異なるかについても考えてきました。

こうした経験を踏まえ、農業の担い手が減少する中、日本の農業をどのように支えていくべきか、本章では先の四つのキーワードに沿って考えていきたいと思います。日本農業の将来は決してバラ色ではありませんが、さりとて絶望しかないわけではありません。これら四つのキーワードを通して、日本農業の限界と可能性を考える糸口になればと思っています[2]。

Ⅱ　日本農業の現状

まず、本論に入る前に、日本の農業を数字の上で見てみることにしましょう。みなさんは「農林業センサス」というものをご存知でしょうか。これは、農林業の生産構造や就業構造などに関して、さまざまな施策の企画・立案・推進のための基礎資料を得るために国が5年ごとに行っている調査のことです。直近では、2015年11月に「2015年農林業センサス結果の概要（概数値）」という形で、同年2月1日現在の概数値が公表されています。[3]本項では、そこに掲載された数値に沿って、説明を進めることにします。

農業は「農家」によって支えられてきました。一口に農家といっても、さまざまな形態があります。日本では、まずは農家を、経営耕地面積が10a以上の個人世帯、あるいは、年間農産物販売金額が15万円以上の個人世帯と定義しています。**図1**を見ると、こうした農家は、2015年2月時点の概数値で約215万戸あることがわかります。10年前と比較すると約70万戸(率にして約24%)、20年前と比較すると約129万戸（38%）、それぞれ減少しています。

また、作った農産物を実際に販売して対価を稼いでいる、経営耕地面積が30a以上または年間農産物販売金額が50万円以上の農家を販売農家と呼んでいます。この販売農家の数は、2015年2月の概算数値で約132万戸と、10年前と比較すると約64万戸（32%）減少し、20年前と比較する

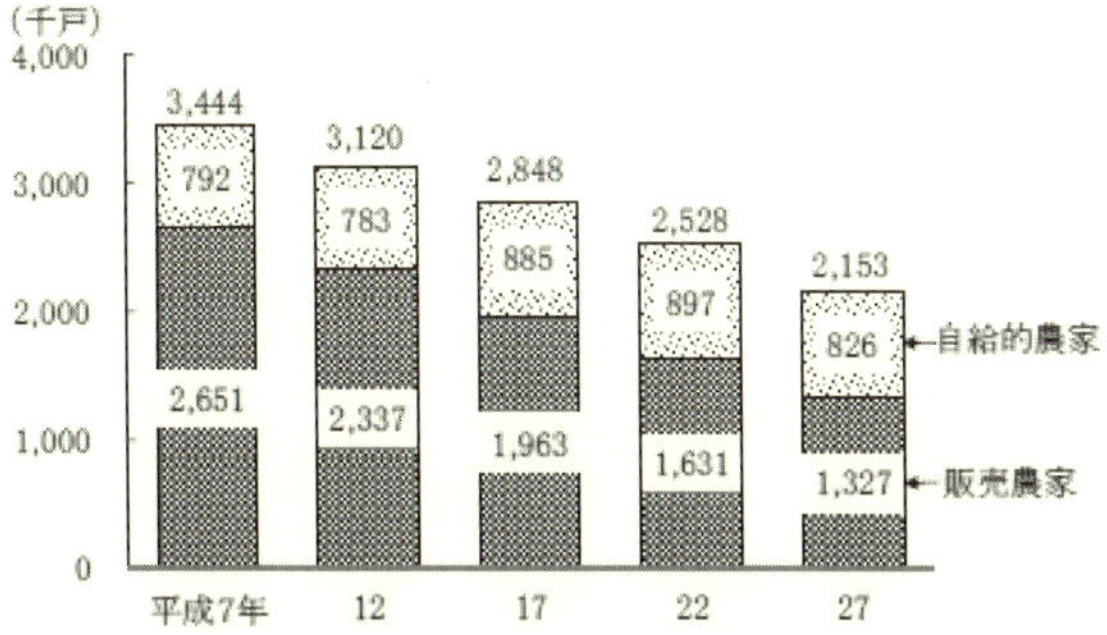

図１　農家数の推移（全国）
出典：農林水産省「2015年農林業センサス結果の概要」

と半減していて、総農家数以上にその減少が進んでいることがわかります。

さらに、この販売農家を、農家構成員の就業状況に応じて主業農家と副業的農家に分けるという区分のしかたもあります。**図２**からは、日本の農業の根幹を支える主業農家（農家所得の50％以上が農業所得で、調査期日前1年間に自営農業に60日以上従事している65歳未満の世帯員がいる農家）は約29万戸しかなく、２０１５年2月時点では、販売農家の22％、総農家戸数のわずか13％に過ぎないことがわかります。

次に、農家のおかれた状況を、年齢別の基幹的農業従事者の推移から見てみることにしましょう。**図３**によると、販売農家の、自営農業に主として従事した世帯員（農業就業人口）のうち、ふだんの主な状態が「主に仕事（農業）」である者を指す基幹的農業従事者は、２０１５年2月時点で約１７７万人いますが、10年前と比べると約47万人（21％）減少しています。さらに詳しく見てみると、60歳以上の基幹的農業従事者の割合は漸増しているのに対し、59歳以下の従事

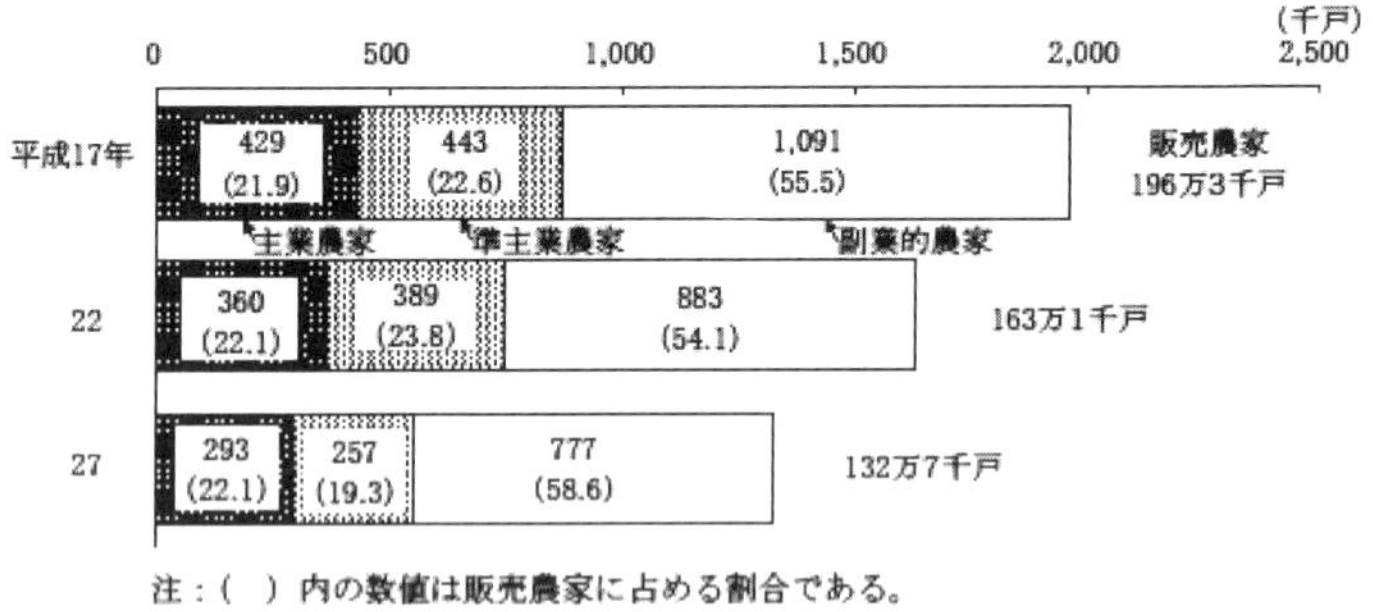

図２　販売農家の主副業別農家数（全国）
出典：農林水産省「2015 年農林業センサス結果の概要」

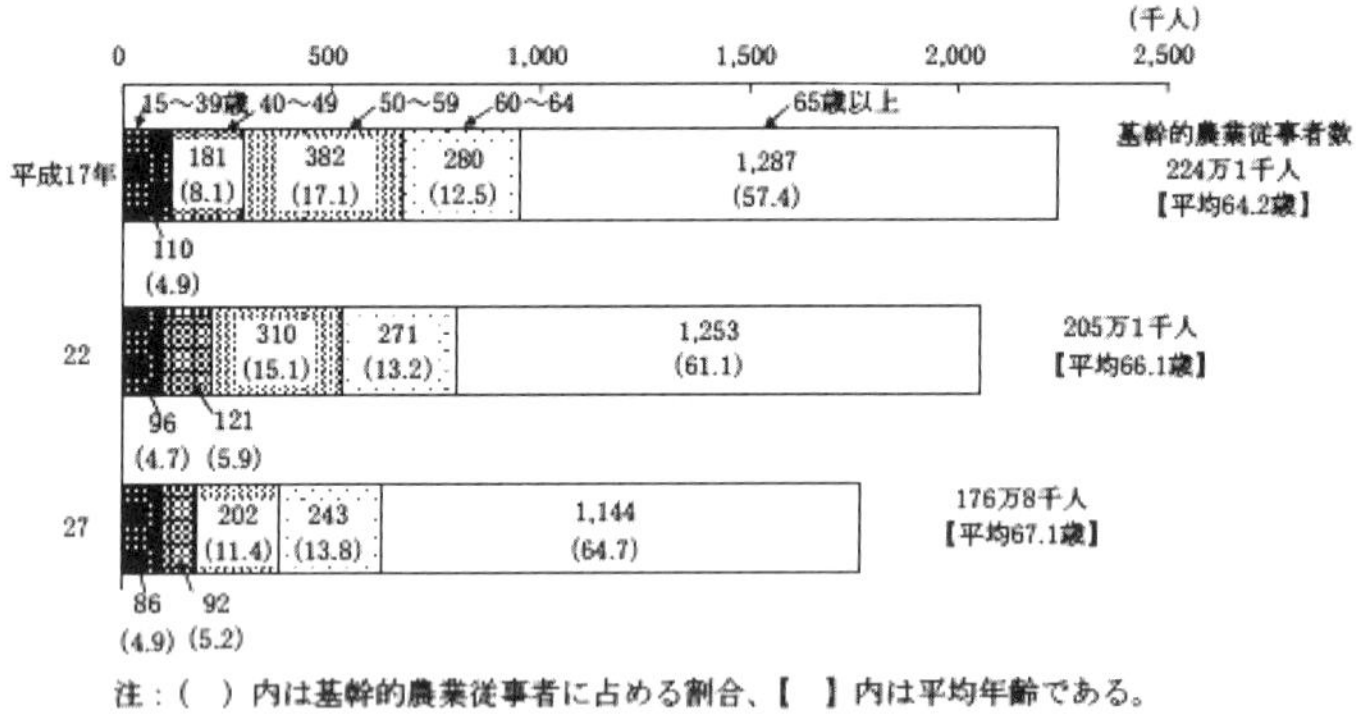

図３　年齢別基幹的農業従事者数の構成（全国）
出典：農林水産省「2015 年農林業センサス結果の概要」

表１　農業経営体数（全国）

単位：千経営体

区　分	農業経営体		家族経営体		組織経営体	
		法人経営		法人経営		法人経営
平成17年	2,009	19	1,981	5	28	14
22	1,679	22	1,648	5	31	17
27	1,375	27	1.342	4	33	23
増減率						
平成22年/17年	△16.4	13.0	△16.8	△13.5	10.4	23.1
平成27年/22年	△18.1	25.5	△18.6	△5.0	6.3	33.6

注：法人経営には、農産物の生産・販売等を行う法人の他に、農作業受託のみを行う法人が含まれる（以下、同じ。）。

出典：農林水産省「2015年農林業センサス結果の概要」

者は著しく減少しています。これらのことから、日本の農業を支える担い手の数が激減していることに加え、年齢構成の面では急激に高齢化が進んでいることがわかります。まさに、少子化による就労人口の減少と高齢化の典型的な例として、日本の農業を捉えることができるのです。

こうした農業就業人口の減少と高齢化という深刻な事態に直面しながらも、日本の食料を確保し、日本の農業を維持し、ひいては日本の国土を保全するために、国はこれまで農業とは縁のなかった個人の新規就農や、別の業界からの異業種参入を積極的に受け入れるような政策を進めているというのが現状なのです。このことは、農業経営体の推移からも読み取ることができます[4]。

表１は全国の農業経営体の推移を示しています。これを見ると、農家と同様、その総数は減少しています。その中でも、家族経営体数は約１３４万経営体で10年前に比べ32％減少しています。一方、組織経営体数は約３万３０００経営体で、この間に17％増加し、特に法人経営は64％増加しています。このよう

に、これまで農業生産の主流を占めてきた家族経営体数は減少する一方で、組織経営体のほうは依然数は少ないものの、確実に増加してきていることがわかります。日本農業の担い手は、静かに、しかし確実に変質しつつあるのです。

Ⅲ　農業の六次産業化と異業種企業の参入

前項では、日本の農業を支える農家のおかれた状況を見てきました。そこでは、農家の数が継続して減少しているだけではなく、そこで働く農業従事者の急速な高齢化も浮き彫りになりました。また、家族経営の数は減少していますが、組織経営体の数は、まだ少数ではあるものの、確実に増加していることもわかりました。これは、既存の農業経営体による、家族経営から組織経営への移行もありますが、本章のキーワードの一つである農業への異業種参入も反映した結果です。そこで、さまざまなところで取り上げられている農業の六次産業化に関する詳細な説明と検討は、本書の姉妹書である、追手門学院大学ベンチャービジネス研究所編『事業承継入門2―税金・資金と農林水産業の事業承継』(2014年2月刊)[5]や他の文献に譲るとして、代わりに本項では、農業の六次産業化に伴って増え続けている、異業種企業の農業への新規参入にテーマを絞って考察することにします。

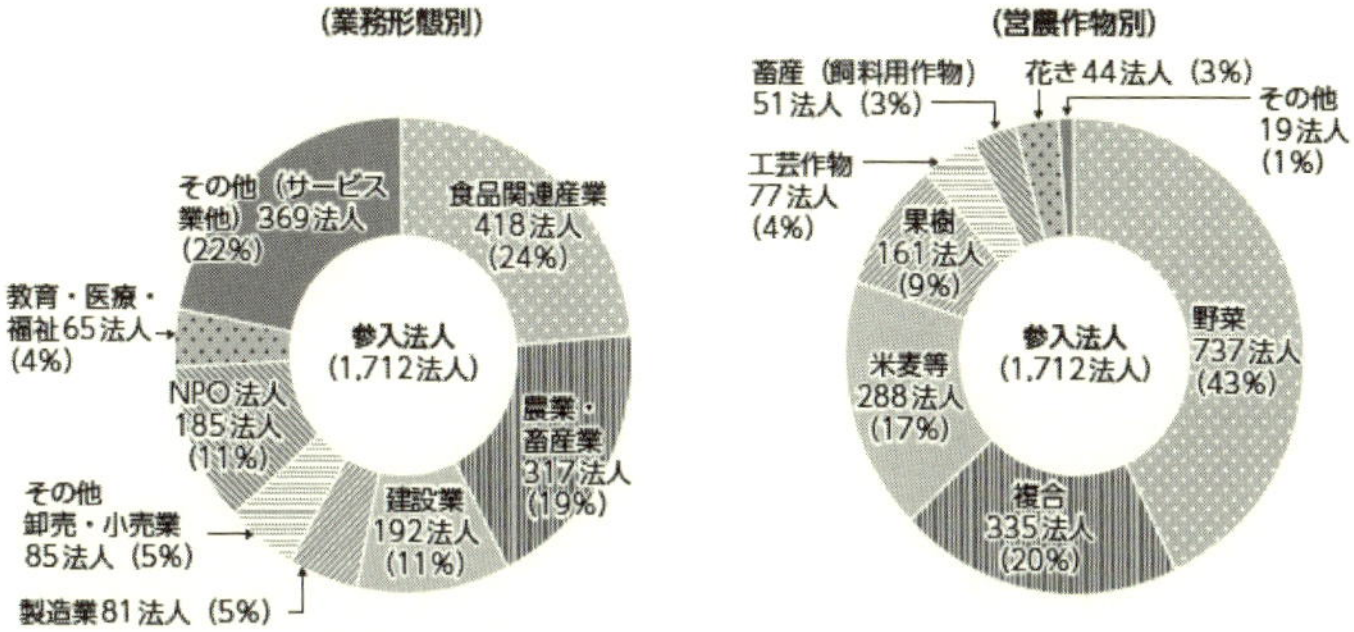

資料：農林水産省調べ
注：1）平成26（2014）年12月現在
2）教育・医療・福祉は学校法人・医療法人・社会福祉法人
3）その他卸売・小売業は食品関連以外の物品の卸売・小売業

図４　一般法人の参入数

出典：農林水産省『平成26年度 食料・農業・農村白書』

1 参入の状況

異業種企業の農業ビジネスへの参入というと、みなさんはどのようなイメージをもたれるでしょうか。もともと農業に関連した事業を展開する企業が、原材料の調達を求めて自らが農業に乗り出すこともあるでしょうし、まったく農業に無縁であった企業が何かのきっかけ、例えばCSR活動や震災復興といった社会貢献活動の一環として参入することもあるでしょう。そこには、経営学でいう、いわゆるブルーオーシャン戦略をとろうとする企業の読みもあるのかもしれません[6]。

図4をご覧ください。農業に参入した法人を業務形態別に見ると、食品関連産業、農業・畜産業、建設業の順に割合が高くなっています。食品関連産業とは、具体的には、食品加工・外食・小売など、その主要業務として農作物を取り扱う業種のことです。次の農業・畜産業は、農業生産法人など政府が積極的に導入

を目指している経営体が含まれます。建設業は意外な印象を受けるかもしれませんが、もともと農業関係の公共事業などを通じて、以前から農業とは深い関わりをもっています。また、営農作物別に見ると、野菜の割合が高く、43％を占めています。これらの異業種企業による農業参入の事例を詳細に見ていくと、いくつかのパターンがあるようです。それでは、これから特徴的なものを見ていくことにしましょう[7]。

① 外食産業による参入

一つには、飲食店やレストランといった外食業界のように、自社で使う原材料として自ら生産した農作物を使い、安全性や品質をアピールすることを農業への参入の主要な目的にする、というものです。このパターンでは、すでに数多くの企業が農業への進出を遂げています。例えば、全国で和食レストラン等を展開するフジオフードシステムは、食材の自社生産による安心・安全な食材提供と、地元行政と提携した農福連携（農業と障がい者福祉との連携）を目指して、２０１５年９月に子会社を設立して活動を開始しています。今回の取り組みでは、子会社（フジオファーム）が野菜の露地栽培を行うとともに、その野菜栽培については、地元農業者のほか、障がいのある人たちを福祉事業所からの派遣作業者として受け入れ、作業に従事してもらうことにしています。同社では、生産した野菜を自社店舗で使用するほか、将来的には地元の飲食店・レストラン等に供給するとともに、採れたて野菜を地域に提供する野菜直販所などの経営をも視野に入れつつ、事業の高収益化を目指すとしています。[8]

②スーパーによる参入

小売・流通業のように自社の店舗展開と物流の強みを生かすために農業に参入するパターンもあります。イオンは、子会社（イオンアグリ創造）を２００９年7月に設立しています。同社はイオン店舗近隣の都市近郊で地元生産者と提携して農場を運営し、その農場で生産された農産物を近隣店舗に出荷するほか、店舗に商品を配送した後の空のトラックにその農場で生産された野菜を積み込み、同社の配送センターに送って他地域の店舗に配送する、といった輸送面での効率性を重視した戦略をとっています。さらに、２０１６年春からは、朝採れ野菜を収穫の1～3時間後には農場の近隣店で店頭販売できる体制を構築するとしています。[9]グループで日本最大級の野菜の生産面積を確保するイオンだからこそできるビジネスモデルでしょう。[10]

③メーカーによる参入

農薬や肥料といった農業関連資材を製造する化学メーカーなどでは、自社製品である農薬や肥料を使ったビジネスモデルのショーケースとして、自社農場を活用するパターンも見られます。例えば、住友化学は子会社（住化ファーム）を２００９年以降全国に設立しています。子会社では、グループの農業関連製品を用いた最新技術と、これまで蓄積された農産物の栽培・販売のノウハウを活かした、新しい農業ビジネスモデルの提示を目指した事業展開を行っています。そして、これらの子会社の運営を通じて得られた知見をもとに、農産物の販売・栽培支援、後継者育成など幅広い分野での農業の活性化を目指すとしています[11]。

④ 鉄道会社による参入

異色なパターンとしては、鉄道会社による農業への参入例があります。例えば、近鉄の運営する「近鉄ふぁーむ花吉野」では、鉄道本社が所有する遊休地を活用する方策として農業を選び、2012年から植物工場と農業用ハウスを設置して、葉物野菜や高糖度トマトなどを生産し、グループ傘下のスーパーなどで販売しています[12]。他のパターンに比べると、鉄道会社という本業は、農業との直接の結びつきは弱いのですが、事業の性格上、沿線を中心に広大な社有地を保有しており、沿線の不動産開発などとの連携をとる形で農業への参入を図ったものと考えられます。全国ではこの近鉄のほか、JRや西鉄なども農業に参入しています。

2 失敗の事例

このように、さまざまな業界の企業が農業に関心をもち、実際に参入してきていることがわかりました。ただし、すべての参入企業が順調に業績を伸ばしているかといえば、現実はかなり厳しい状況のようです。これまで、さまざまな企業が農業に進出をしたものの長くは続かず、その多くは撤退を余儀なくされています。異業種企業による農業参入での最近の失敗例として有名なものが、オムロンとファーストリテイリングの事例です。

オムロンは1997年1月、北海道でトマトの栽培事業に乗り出しました。当時最先端のセンシング技術の粋を集めて建設した温室設備には総額で22億円投資されたそうです。当初は、同社のもつ卓越した技術をもってすれば、農産物の計画的な生産・販売が可能となり、日本の農業に革命的な変化をもたらすのではないかとの期待がもたれました。しかしながら、初出荷から3年後の2002年1月にオムロンは栽培子会社を解散し、農業から撤退しました。失敗の最大の理由としては、生産が計画通りに進まなかったことがあげられています。

ファーストリテイリングは2002年に子会社を通じて、野菜や米などの農産物の販売ビジネスを開始しました。「美味しく安全な食べ物を買いやすい価格で」をテーマに、その当時マスコミなどで話題となった農法を採用し農産物の生産を全国の農家に依頼して、同社は通信販売等によりそれらの農産物を販売するというビジネスモデルでした。当初は話題性も手伝って順調に業績を伸ばすように見えましたが、結局は高価格による売れ行き不振のために1年半後には撤退することになりました。

このように失敗事例を概観してわかることは、自らの業界では卓越した技術やビジネスモデルを有して成功をおさめ、業界トップの地位を占める大企業であっても、こと農業への新規参入という際には、それらの成功体験だけでは十分ではないということでしょう。農業という、自然相手で不確実性の高く、経験したことのない種類のリスク要因の多いビジネスに対して、これまで成功してきた技術やビジネスモデルをあてはめようとしても、なかなか難しいことがわかります。このあたりにも、農業への異業種参入のもつ難しさの本質があるように思われます。

Ⅳ 農業のハイテク化

1 ハイテク農業とは

前項では、異業種企業の農業への進出の状況を、事例とともに紹介しました。異業種企業が農業へ新規参入する場合、先に見たオムロンのように、自社のもつ技術を農業生産の場に応用しようという意向をもつことは、経営者として自然な発想だと思われます。また、自社で使える技術やノウハウをもたない企業でも、農業に新規参入をしたいと考えた場合、生産・管理・物流・販売の各プロセスの効率化を図るために、外部からの関連技術の導入は当然考慮するでしょう。ロボット技術やＩＣＴ等の活用による作業の省力化や軽作業化、生産・管理過程の精密化や情報化をはじめ、土壌を必要としない溶液栽培や自然の大気・太陽光を必要としない人工気象・人工光活用といった、最先端の野菜工場への技術の応用という発展のトレンドもここから生み出されています。

これまで、さまざまなハイテク技術の開発が試みられてきました。例えば、高度な農業技術を次世代に円滑に受け渡すための農業分野における認知科学技術や人工知能・情報技術の活用等についても検討されてきたようです。現在は、それらを発展させた「精密農業」や「スマート農業」（ロボット技術やICTを活用して超省力・高品質生産の実現を目指す農業）へと進化し、継続して研究が続けられています[13]。本章ではこれらのトレンドを、よりわかりやすく「ハイテク農業」という言葉を改めて用いて、説明を進めることにします。

ハイテク農業とは、一言でいうと、従来からの農業技術に新たに開発された先端的な技術を組合わせることで、これまで現場でルーチン化された作業内容をより効率化し、農業における生産性の一層の向上と農産物の高付加価値化を目指すものです。農業分野における異業種間連携により、それぞれの分野に蓄積された技術やノウハウが融合されて、例えば、ロボット技術やICTを活用した生産・管理・流通システムの高度化や新たなツールの開発、ニーズの掘り起こしによる新たな品種や栽培技術の開発・普及、一連の知的財産の総合的な活用などにより、農業にイノベーションを起こすことが期待されています。

こうしたハイテク農業には、さまざまな技術があります。**図5**をご覧ください[14]。例えば、作業の省力化と効率的な大規模生産のために、GPS（全地球測位システム）やGIS（地理情報システム）等の活用によって、トラクターやコンバインといった農業機械を昼夜問わず、複数同時に、しかも自動で運転する技術の実用化が期待されています。また、センシング技術とビッグデータの解析結果を統合することにより、これまで熟練生産者しかできなかった高度な生産管理方法の再現や病害虫の発生予測、収穫の時期や収量の予測、さらには、肥料や農薬の投入量のより厳密な管理な

図５　スマート農業のイメージ
出典：農林水産省「スマート農業の将来像」

ど、その圃場や作物ごとの状況にあった最適な生育環境を生み出し、経験の浅い農業就労者でもはじめから高品質・多収量を目指せるツールの開発が進んでいます。

さらに、農業のイメージにとかくつきまといがちな危険・きつい・きたないという、いわゆる３Ｋの作業環境から農業従事者を開放して、体力の劣る女性や高齢者でも農業への新規参入を促し、農作業をより容易にこなすことのできるようなアシストスーツやロボットの開発なども進んでいます。他にも、インターネットやクラウドを活用した監視システムを導入して、農作物に関するより詳細な情報をユーザー側にいち早く伝達し、安全・安心な農作物を提供する取り組みも進められています。

こうした状況の中で、農林水産省では、ロボット技術やＩＣＴ等の先端の科学技術を活用し、より一層の省力化と高品質化・高付加価値化を可能にするハイテク農業の実現に向けた具体的な方法論を検討する場として、産学官連携で研究会を立ち上げ、強い農業を実現させるべく検討を重ねています。[15]また、内閣府や総務省など府省の枠を超えた横断的な取り組みも始まっており、まさに国を挙げて、基礎的な研究レベルから実用化・事業化までを見据えた総合的な研究開発を推進し、ハイテク農業の実現を目指しているのです。

2 ハイテク農業のなかみ

では、具体的にどのような技術からハイテク農業が構成されているか、見ていくことにしましょう。そもそも農業は商品となる植物の栽培をするだけではなく、そのための生産管理や収穫された農作物の販売も含む、複合的なビジネスです。したがって、ハイテク農業についても、先に見たように幅広い分野にわたる要素を当然含むことになります。

① 生産にかかるハイテク農業技術

農作物の生産の場面では、ＩＣＴを利用し農作業の省力化・見える化を実現する技術や、生育環境を制御する装置を利用し作物の栽培に最適な環境を作ることで、光熱費の削減や収量の増加を図る技術が開発されています。これまでは、主にセンシング技術を活用した個別分野での技術開発が主流を占めていましたが、近年のクラウド技術の発展によってシステムとしての省力化・見える化への対応も進み、こうした技術が融合した結果、新たな技術も次々に登場してきています。例えば、多機能センサーを用いて圃場の状態をモニタリングしてデータを収集し、クラウドを用いてそれらのデータを蓄積・解析して栽培ノウハウの抽出を図り、そのノウハウを農業従事者間で共有して、生産の効率化と品質の向上に役立てようとするものもその一例です。

これまでは、栽培技術の蓄積のために、農家が各自で栽培作業日誌を付けてきました。ただ、個人の農家が実際に一つの作物を栽培するのはせいぜい年に1回から数回までで、それも長くて数十年、回数にして数十回という限られた期間に過ぎません。また、こうして得られた栽培技術のノウハウは共有されることも少なく、他の農家も同じような試行錯誤を繰り返しながら、農業を次代に承継してきました。ところが、クラウドの出現によって、これまでは個人レベルで細々と記録・蓄積されてきた個々の栽培作業日誌のデータが集約され、ビッグデータとして取り扱われることが可能になりました。大量のサンプルからもたらされるこうしたデータは蓄積・分析されて、広く共有されることができるようになったのです。

国内の大手農機メーカーは、クラウド技術を搭載した高性能農業機械の新型機を次々に開発しています。例えば、ヤンマーは、会計ソフトメーカーのソリマチと提携し、農機の稼働状況や収穫量を確認できるサービスを展開しています。これは、ＧＰＳを搭載したヤンマーのトラクターで稼働状況を自動で記録し、農家は気象条件や収穫量をソリマチのシステムに入力することで、土地ごとのデータを把握することができるようになるというものです[16]。

また、クボタは無線LANとセンサーを搭載した田植機やコンバインで各種のデータを収集し、特定の田んぼの特定の場所の面積当たりの収量や食味を分析できるシステムを開発しています[17]。さらに、井関農機も2015年から土壌センサーを搭載した田植機を発売し、養分の豊富な箇所には肥料を散布する量を抑え、全体で肥料の量を約15％減らすことを可能にしています[18]。このように、農機メーカー各社はより効率的な農作業を可能にするような精密農機を次々に開発して市場に投入しています。

こうした、栽培分野でのICT化がさらに進めば、経験と勘により培われたベテラン農家のノウハウがデータ化され、新規就農者や農業分野に新たに参入する企業にも共有されて、農業への新規参入がこれまで以上に容易になると考えられます。特にここ数年のクラウドの発展によって、生産者がICTを導入する際に最大の障害であったコストの壁は取り払われてきています。これにより、異業種からの農業参入とICTを利用した新たな農業の事業化の素地は整えられつつあると考えます。

②販売および経営支援にかかるハイテク農業技術

先に見た生産の場面でのハイテク化だけではなく、収穫した農作物の販売と一連の管理運営のための技術にもハイテクは導入されています。この分野はコンピューターを用いた従来型の技術がすでにある程度先行して普及しており、現在では「ハイテク」とは呼べないかもしれません。例えば、経営支援では、生産計画や資材および人員の配置の計画、会計処理や給与管理など、さまざまな会計ソフトのメーカーも参入していて、すでに多くの農業経営体で導入されており、歴史のある分野です。それでも、最近のＩＣＴの活用によって、さまざまに進歩を続けています。例えば、販売支援と連携して、農作物の受注・出荷や在庫の管理を行うとともに、ＩＣＴを利用して売上や与信の管理などの業務について、直接生産者と大口ユーザーとの間で直接取引を実現できるものが出てきています。

また、新たな動きもあります。ＮＴＴデータは日本総合研究所との共同子会社（ＪＳＯＬ社）で、農作物の収穫日と収穫量を事前に予測し提供するサービスを展開しています。これは、全国にあるＮＴＴドコモの携帯電話基地局で気温や雨位などの気象データを集め、農作物の収穫時期と収穫量を予測するというサービスで、生産者は自分の農場にセンサーなどを設置しなくても高精度な予測が可能になるというものです。このサービスを使うと、1カ月前の時点でおおむね2日程度以内の誤差で適期予想を行うことが可能になるとのことです[19]。こうした技術は、農作物の効率的な生産を促進するだけでなく、作業の省力化にもつながるため、今後とも大いに期待のもたれる分野といえるでしょう。

3 野菜工場と施設園芸

それでは、最後に残されたテーマである野菜工場について見ることにしましょう。野菜工場とは、植物工場とも呼ばれ、内部の環境をコントロールした閉鎖または半閉鎖的な空間で、栽培植物を計画的に生産するためのさまざまなシステムを取り入れ、作物の安全でかつ安定的な供給を目的とした工場型の生産設備のことです。一般には、養液による水栽培が利用され、自然光または人工光を光源として植物を生育します。また、温度・湿度・空気の制御も行われるため、植物の年間を通した計画生産が可能になります。施設園芸の進化系ともいえるでしょうか。

こうした施設園芸では、栽培施設内外の温度・湿度・日射・大気・風向・風速などを測定し、それぞれ最適な状態にするために空調、換気や遮光を自動制御する、いわゆる複合環境技術といわれる技術の導入がさかんに行われています。そして、昨今の技術革新が結合した結果、さまざまなハイテク農業技術が開発され、栽培技術がパッケージ化されて、すでに日本のメーカーからも販売されています。

例えば、パナソニックはアグリ事業として、各事業部を横断する形で野菜工場ビジネスに取り組んでいます。まず、社内カンパニーの一つ、エコソリューションズ社では、市販の農業用資材の最適配置設計と自然の力を積極的に活用するパッシブ環境制御システムとを融合することにより、局所環境制御を実現した太陽光併用型ハウスを「パッシブハウス型農業プラント」として開発を進めています。[20]

同社の技術の特長は、例えばホウレンソウの生育に適した環境を実現するために、独自に開発した制御システムを導入し、自然光や水・風といった自然の力を活用する複数の環境調整用農業資材を自動制御する点にあります。高温で生育が困難な夏を含めて、年間を通じたホウレンソウの栽培が可能となるほか、天候による影響が少ないため栽培計画が立てやすくなり、栽培中の手間が大幅に省けるという利点があるとのことです。ホウレンソウ以外の葉物野菜も栽培が可能で、導入した農家の中には、ベビーリーフや小松菜、水菜、春菊なども栽培しているとのことです。

また、同じくパナソニックの別の社内カンパニーであるAVCネットワークス社でも、野菜工場の開発に取り組んでいます。同社の福島工場内に野菜工場のプラントを設置し2014年3月から稼働を開始しています。そこで栽培されたレタスなどの葉物野菜は、福島県内の小売店へ提供されているとのことです[21]。

一般に野菜工場といっても、建屋内で完全に環境を制御し閉鎖環境で生産する人工光完全閉鎖型の施設と、温室等の半閉鎖環境で太陽光を利用し、雨天・曇天時のLED照明による補光や夏季の高温抑制などを行う太陽光併用型の施設など、さまざまな形態のものがあります。紹介したパナソニックの場合、AVCネットワークス社は前者の人工光完全閉鎖型を、エコソリューションズ社では後者の太陽光併用型の設備・機器の開発をそれぞれ進めています。

こうした野菜工場に対する関心は、最近の消費者による食への安全志向とニーズの多様化を受けて、改めて高まりつつあるようです。加えて、農業の六次産業化や輸出産業化に向けた政府による後押しもあり、野菜工場を使った異業種企業における農業への新規参入も活発化しています。

このように、注目を集める野菜工場ですが欠点もあります。それは、通常の露地栽培等に比べて、圧倒的に高コストとなるということです。それは、建物や設備に対する初期投資に加えて、作物の栽培に伴い消費されるエネルギーコストが多大になるためです。光源や空調等に必要なエネルギー量は膨大ですが、これらを既存の電力や石油に依存していては、高コスト体質を打開することはできません。したがって、少しでもエネルギーコストを抑えるためには、安価な再生可能エネルギーの併用や発電所・工場等の熱源利用、蓄熱やヒートポンプ、蓄電池といった技術の活用も求められるでしょう。このエネルギーコストへの対応が、今後の普及のカギとなるものと考えます。

Ⅴ　ハイテク農業の国オランダ

1 ハイテク農業の世界的な動向

前項で見たように、ハイテク農業はさまざまな形で、日本を含め世界中の農業の現場ではすでに実用化されています。生産段階でのハイテク化に始まり、管理や販売等の分野にもさまざまなハイテク技術が導入されています。これらの多くは、近年その進歩が目覚ましいロボット技術やクラウド技術を活用したＩＣＴのように、いずれも最先端の内容が技術革新のために安価になった結果実用化されたものです。ただし、それぞれの国の状況を詳しく見れば、分野ごとに1日の長があることがわかります。

世界最大の農業大国であるアメリカは、高性能農業機械の分野で進んでいます。例えば、トラクターの自動運転は2012年秋の収穫時から始まっています。農林水産省の調査では、アメリカの大規模農家を中心にかなりの範囲でこうした高性能農業機械が普及しているようです。中西部のコーンベルトにおける精密農業の要素技術の普及率を見ると、収量モニター付きのコンバインでの収量計測が40%、土壌分析が60%、人工衛星リモートセンシングが25%程度の普及率であるといわれています。アメリカにおける高性能農業機械の普及状況は世界一といわれていますが、それは高性能農業機械導入によるコスト低減効果が出やすい大規模農家が多いためだと考えられます[22]。日本とアメリカでは農業においても規模の違いは明らかですが、高性能農業機械の技術面での優位性の違いも確かなようです。

また、オランダはアメリカに次いで世界第2位の農産物輸出大国で、特に、野菜・花卉栽培に関する技術では、世界トップ水準を維持して高い生産性をあげています。オランダの施設園芸に関する栽培方法や栽培技術はグローバルスタンダードとなっており、農産物とあわせて、生産プラントの輸出にも力を入れています。

これまで、さまざまな場面で日本はオランダ農業を参考にするべき、との声を耳にしたことがあります。それは、日本と同様に限られた国土面積しかもたないオランダが、ハイテク農業を積極的に導入した結果、アメリカに次ぐ世界第2位の農産物輸出国になった実績を見て、オランダできることなら技術大国の日本でも当然できるはず、という発想が根底にあるのでしょう。安倍首相も国際競争力の高いオランダ農業に学ぶべく、高度に発展した施設園芸技術を日本農業に取り入れるよう現地の施設を見学しています。実際に、オランダのようなハイテク農業を導入して日本全国で試験的な農場を開設する動きがあります。ただし、日本とオランダでは、おかれた環境や技術開発までの背景は大いに異なります。単に技術導入を急ぐあまり、そうした関連部分の背景やノウハウを見落としてしまうと、仏はつくったけれど魂がはいっていない、という残念な結果に陥る危険性があります。それでは次項で、具体的にオランダ農業を見ていくことにしましょう。

2 オランダのハイテク農業

① オランダのおかれた状況

まず、オランダのおかれた状況を概観します。先にも述べた通り、オランダは農産物輸出額が2012年末時点で866億ドルとアメリカに次いで世界第2位です[23]。主な産物は野菜や花卉を中心とする施設園芸作物とチーズなどの畜産物です。限られた国土を有効に活用するために早くから施設園芸に関する技術の蓄積が進められてきました。そして、その成果は、単に農産物の輸出だけではなく、生産のための栽培技術の輸出にも表れています。一方で、生産性の低い穀物などの生産は国内ではほとんど行わずに、EU域内をはじめとする国外からの輸入に頼っています。

オランダは国土の面積は九州とほぼ同じで、その約45％に当たる184万haが農地です。平坦ではあるものの使える面積は絶対的に狭く、人口密度も高いことで知られています。また、歴史的に金融や商業の中心地でもあり、人件費も非常に高い国です。気候の面でも、必ずしも農業に適しているわけではないオランダが農業で成功している理由は、集約化され高度に効率化された施設園芸農業の導入、本章でいうハイテク農業の成果として一般的には考えられています。

もちろん、地理的な有利性も無視することはできません。オランダは大きな河川や海に面しており、歴史的に中継貿易で栄えてきた国です。また、航空路や鉄道・高速道路網のハブでもあり、今でもＥＵ域内の交通の要所の一つです。近隣のドイツ・ベルギー・フランス・イギリスとの間ではヒト・モノ・カネの行き来も活発で、これらの国に自国の農産物を輸出することで、オランダは農業を主要産業にできたのです。ＥＵという一つの国のような共同体内では、ヒト・モノ・カネの往来で国境という概念は実質上ありません。したがって、オランダから近隣の国に農産物を輸出する場合、海外に輸出するというよりは、国内の大消費地に出荷するというイメージに近いと言えるでしょう。

② オランダのハイテク農業

オランダのハイテク農業の特長は、温度・湿度・光などの諸項目を一体的に制御する環境制御システムにあります。巨大な農業施設では、CO_2の濃度や地中の温度など５００項目以上が自動で管理されています。また、早くから気象データを用いた設備内部の自動管理システムが導入されており、施設内の気候の変化を最小限にとどめるような工夫が施されています。さらに、施設内は天井を高くして、単位面積当たりの収量増を図っています。トマト栽培の場合は、日本の平均的な施設の約2倍、6m以上の高さがあります。こうすることで、面積当たりの収穫量が日本の3倍にも達しています。土は使わずに人工繊維を使用し、そこに養分を加えた水を1日60回も自動で与えます。苗の下のビニールの管からはCO_2も自動で散布され、光合成が最も活発化する大気の2倍以上の濃度にコントロールされています。栽培に使用する水はすべて機械殺菌され、徹底した品質管理が行われています。こうした設備を集中管理することで、施設中を常に栽培に適した環境に制御しているのです[24]。

先にパナソニックの事例を見ましたが、このような統合された管理システムは、日本では最近まで実用化されていませんでした。そこで、日本でも、こうしたオランダのハイテク農業技術を見習って導入し、日本農業の競争力強化の起爆剤にしようという取り組みが農林水産省を中心に進められているのです。オランダ農業を日本のお手本にしたいという考えは、もっぱらこうしたオランダのもつ施設園芸技術の優位性に着目したものと考えられます。

③ハイテク農業を支える環境整備

(i)市場のニーズにあった少品種・大量生産

このようにハイテク農業で知られるオランダ農業ですが、その優位性を支えているのは単に栽培技術の卓越性だけではありません。オランダのハイテク農業を支えている背景にはいくつかの要素があります。その中の一つに、栽培する農作物の戦略的な選択があります。オランダでは少数の作物を戦略的に選び、その作物に特化して栽培のためのノウハウを蓄積し、高品質な農作物を大量にかつ効率的に栽培しています。

このような、野菜や花卉等の施設園芸で効率的に栽培できる作物に特化するビジネスモデルは、古くから通商国家として自由貿易下での国際競争力を意識する中で形成されてきたと考えられます。経済学でいう、いわゆる比較優位の考え方です。自国ですべての農産物を栽培するより、自国に強みのある農産物に特化して生産し、他に必要なものは外国から買うという戦略です。このあたりは、古くからの貿易国家たるオランダの面目躍如です。しかも同時に、農業を一ビジネスとして捉える感覚も培われてきました。

こうした消費需要が大きく安定していて、栽培技術の蓄積により生産効率を高めることのできる少数の農作物に集中することは、生産者の技術向上にも貢献できます。このことをトマトの例で説明したいと思います。

トマトはさまざまな用途に使われるため、きわめてニーズの高い農作物です。生でも食べられますし、加工用にも使われます。だれでもほぼ毎日口にする農作物の一つです。このトマトは、オランダでは先に述べたような施設内での水耕栽培によって生産されます。そこでは、生産者を技術面で支える種苗会社や資材会社等の関連メーカーからさまざまな技術の提供が行われます。また、農

図６　スーパーの野菜売場の風景
出所：筆者

業技術のアドバイザーの役割も重要です。彼らは生産者にきめ細かい生産指導を行うことで、生産者の効率向上を手助けしています。そして、大切なことは、生産者とその生産を支える関係者が協働することで、トマトに特化した生産技術やノウハウの開発と蓄積が可能となるため、全体としてトマトの安定的な品質確保と収量増、コストの削減が実現し、商品としてのトマトの国際競争力の強化につながっている点です。

こうした戦略的な栽培作物の選択は、ＥＵ域内で進んだ流通・小売業者の集中とそれによる消費ニーズの明確化という小売業者主導の市場構造改革があって、生産者側にもそうした変化に対応するように生産体制の大幅な改革を迫った、という構図で理解するとわかりやすいと思います。

オランダでも1980年代ごろまでは家族経営による小規模な農家が多く存在し、産地ごとに卸売市場がありました。ところが、1993年にEUが統合されると、先に述べたように、域内全域で流通・小売業者の寡占が進み、ひとにぎりの流通小売大手が市場で大きな購買力をもつようになりました。そのため、巨大化したユーザー側のニーズに応えるため、生産側の農家も大規模法人化し、経営の大型化と高度化が一層進みました。こうした動きには、施設園芸による農業のハイテク化という、初期投資の大きなビジネスモデルの特性も作用していました。こうしたことを背景に、続々と大規模な農業法人が出現し、栽培作物の戦略的選択とハイテク農業の積極的な導入も相まって、飛躍的な生産性の向上を可能にしたのでした。

(ii) 農業技術の開発政策と支援体制の構築

オランダ農業の強みは、ハイテク農業による高度に集約化され効率化された農作物の生産体制であることは事実です。しかし、前項で見たような環境整備、すなわち、栽培作物の選択と集中、および、その作物に特化した技術の蓄積も重要であることがわかりました。そして、それらを可能にしたのは、農業技術の開発政策と生産者に対する支援体制の構築でした。次にこのことを説明しましょう。

まず、農業技術の開発政策についてです。日本では、農業政策を他の産業政策と区別して考える傾向にありますが、オランダでは農業は他の産業と同じように一つのビジネスとして考えられています。このことは、オランダで農政に関わる農業省が2000年に経済省と統合され、農業が他の産業セクターと一体として扱われていることからもわかります。また、オランダでは、個別農家の保護よりも産業としての農業の技術革新につながる研究開発を優先しており、農業関係予算の多くの部分が研究開発に投入されています。

さらに、農業技術に関する研究開発の拠点化のために、国内の農業大学や公的な農業試験場等を集約して一大研究拠点を形成し、高度な研究開発と人材育成を担うとともに、民間企業の研究機関なども積極的に連携して、さまざまなハイテク農業に関する応用研究が進められています。

次に、生産者に対する手厚い支援体制の整備についてです。オランダでは、集約された研究拠点で行われるさまざまな産学官連携による応用研究の成果を実際の生産の場に導入する際、技術アドバイザーや農業試験場等が積極的に技術支援を行う体制が確立されています。こうした栽培指導や技術普及支援は、日本では都道府県の農業技術関係部署や農業試験場が、地元の行政や農協等を通じて原則無償で実施しています。オランダではこうしたタダで教える体制では成果があがらないとして、民間の農業コンサルティング会社や試験場が積極的に技術指導を行う代わりに、生産者側は相応の対価を支払っています。技術指導がタダではないとなると、生産者側からも相応の緊張感と要求内容が示されるようになり、結果的には生産者側・指導者側の両者ともに、やりとりされる技術の水準が向上する結果となりました。

このように、ハイテク農業を支える環境整備には、農業技術の開発と蓄積、それを支える人的な資源の有効な配置と活用といった多層的な支援構造の存在があったのです。

Ⅵ　オランダ農業から見た日本農業の課題

前項ではオランダ農業の特徴について見てきました。日本の農業関係者がオランダ農業に強い関心を示すのは、①オランダは狭い国土面積にもかかわらず、ハイテク農業の積極的な導入により困難を克服し、世界有数の農業国になったという事実、②日本は技術立国でありオランダに負けるわけはないという自負心、したがって、③日本でもハイテク農業を導入するとオランダかそれ以上に農業が活性化され、現在の日本農業がおかれた状況が打開できるという展望、それぞれが相まって、オランダをお手本に、日本にもハイテク農業を積極的に導入しようという強い思いがあるからだと思います。さて、この考え方は正しいのでしょうか。

前項で見たように、オランダのハイテク農業はさまざまなしくみによって支えられています。そうしたしくみが日本にも導入できるか、もし難しいのならば何がどのように難しいのか、先の質問に対する答えを考える際には、こうしたことをまず検討する必要がありそうです。そこで、本項では、前項までの内容を踏まえ、オランダ農業と比較した際の、日本農業の現状と課題について考えていきたいと思います。

まず、オランダは自国のおかれた不利な状況を分析し、その結果として国を挙げてハイテク農業への道を選んだのでした。そこには農家がかつて経験した大きな危機がありました。前にもふれましたが、オランダでは日本と同様、多くの零細農家が家族的経営で農業を営んでいました。労働時間も長く生産性も低いままでした。やがて、ＥＵの前身であるＥＣに、農業大国であるスペインとポルトガルの加盟が決まり、安い農作物が大量に押し寄せてくることが確実になって、オランダ農業は存亡の危機に立たされたのでした。そこで、海外の農産物に負けない競争力をつけ生き残りを図るために、試行錯誤の末に選んだのが、大規模な施設園芸と当時注目されはじめていたＩＣＴの、農業への応用による効率化だったのです。こうして、オランダは効率的な施設園芸に特化することで、栽培期間の短縮による回転率の向上と周年栽培による土地生産性を飛躍的に高めることに成功し、世界第２位の農業輸出国の地位を獲得したのでした。

また、大規模な施設園芸の装置を導入するには多額の初期投資を必要とするため、農家の資金調達力と信用力は必須になりました。そこで、以前からあった日本のＪＡの信用部門のような組合的な組織を改編し、専門的なコンサルティング力をもった専門の金融機関に変え、旺盛な資金需要に応えるよう制度の整備を図ったのでした。一方の生産者側も、拡大を続ける生産体制に対応するだけではなく、巨額化する必要資金の調達にも耐えうるように法人化を進め、現在のようにオランダのハイテク農業を支える組織基盤を築いていきました。そして、そこにはオランダ政府の選択と集中に基づく農業政策がありました。施設園芸を重点分野に選定し、一律のバラマキ補助政策をやめ、農業技術や制度改革に対する重点的な予算配分や規制緩和を進めたことが、農業生産者の小規模家族経営形態から大規模法人経営形態への移行を促したのでした。

こうしたオランダ農業の歩んだ歴史を振り返って、日本の農業が同じような途を辿ることができるかを検討することは、オランダと日本のおかれた環境にさまざまな違いはあれ、一考に値すると思います。では、こうしたことについて順に考えていきましょう。

まず、日本の農業技術は十分に進んでいるのでしょうか。この問いについて、私は肯定的な見解をもっています。コスト面を度外視すれば、日本のメーカーは十分オランダと競合できる技術を有していると考えます。ただし、問題はコストです。先にも述べたように、施設園芸はそもそも高コスト体質です。日本では、パナソニックのような施設メーカーが政府の研究機関と協力して、野菜工場の実証実験を行ってきました。数年間にわたる実証実験の経営分析結果を非公式ながら見たことがありますが、採算をあわせるのは非常に難しい状況でした。現実にも、野菜工場を設置して農業ビジネスに進出した異業種企業が数多くありましたが、その多くは赤字で撤退しているようです。

次に、日本の農業は危機的な状況におかれているのでしょうか。この点は論者によって主張の内容が異なるところです。冒頭でＴＰＰ参加やＥＵとのＥＰＡ交渉の話をしました。こうした農産物の自由化により、安価な農産物が日本に押し寄せ、日本農業を破壊すると主張する論者もいます。また、これを好機に効率化と高付加価値化を図り、日本ブランドの農産物を積極的に輸出することで生き残りを図れる、と主張する論者もいます。私は農政の専門家ではありませんが、実際のところは、農産物の貿易自由化による影響は局所的で、農産物の品目によりまちまちではないかと考えています。確かに肉や乳製品などの畜産品は、貿易の自由化により大きな影響を受けると思われます。また、コメ・ムギ・ダイズといった穀物も同じです。ただ、日持ちのしにくい野菜や果物、特に葉物野菜などに限っていうと、わざわざ海外から輸送コストをかけて鮮度のよくない農産物を日本の一般的な消費者が購入するとは思えないからです。

次に、日本は農政の方向性を変える用意があるのでしょうか。現在の安倍政権下では、これまで続けてきた減反政策の廃止やＪＡ改革の断行が決定されました。しかし、実際には、生産調整に代わって転作に対し補助金が増額支給されるほか、全国農業協同組合中央会（ＪＡ全中）にしろ、流通を担う全国農業協同組合連合会（ＪＡ全農）にしろ、ほとんど変わらないのではという見解が大半を占めているようです。こうしたことからは、日本の農政に対する変化の兆しを読み取ることはできないと思います。

そして、何より重要なのは、そもそも日本の農家は日本農業を支える意欲があるのかどうかという点です。農業の六次産業化や異業種参入がどれだけ進んだとしても、基本的には、農業はあくまで農家をはじめとする農業経営体が担います。したがって、農業の将来を考える上で、彼らの営農意欲はきわめて重要です。ところが、この間の農林業センサスのデータからは、農業就業人口の減少と高齢化といった後ろ向きの実態しか読み取ることができません。また、大規模集約化した農業経営体からも、現状での規模拡大といった積極的な事業意欲を示すような意見は、それほど聞かれません。もちろん、日本には多くの意欲ある農業者は存在します。また、新規就労者も確実に存在するでしょう。ただ、日本農業全体として見た場合には、残念ながら何とも心細い状況であることだけは確かなようです。

Ⅶ まとめ

現在、日本で進展しつつある六次産業化や農業への異業種参入は、ハイテク農業の導入と組み合わせることで、さまざまな可能性を秘めていると考えられます。特に、野菜工場などの施設園芸については、全国一律に展開できるかどうかはともかくとしても、一部の地域、特にバイオマスや地熱等の再生可能エネルギーを利用できる地域については、エネルギーコストの外部化でコスト競争力が高まるとともに、その地域の活性化（例えば林業との協働など）にもつながるため、一定の効果は期待できると思われます。実際、私が地方創生の戦略プランの策定に携わった自治体の一つにそのような動きがあります。それは山間地をもつ西日本のとある小規模な自治体のことです。地元に木質バイオマスを利用した発電所建設の話が持ち上がった当初は発電単独だけのプロジェクトだったのですが、途中から発電所から出る排熱利用の検討が加わり、現在ではこの熱源を利用した野菜工場による高原野菜の生産が検討されています。このように、地域のもつ地理的な特長を活用した六次産業化・異業種参入・ハイテク農業導入の組み合わせは、場所にもよりますが、十分ありえる話なのです。

ところで、現在日本で議論されている「六次産業化」については、農業のもつ生産機能の面のみに焦点をあてた議論に終始している点に私は若干の不安を感じています。そもそも、農業が純粋にビジネスであれば、「六次産業化」という特別な言葉を掲げて声高にその特殊性を誇示する必要はないはずです。日本の農業が他のビジネスとは違う機能を含んでいるからこそ、農業の存立についてさまざまな言説が必要なのです。

その、日本農業のもつ機能とは、農村のコミュニティーを維持してきた社会安定化機能と、保守政権を維持してきた政治安定化機能の二つだと考えます。これまで、従来型の日本農業はこれら二つの機能を担ってきました。農村のコミュニティーを維持する社会安定化機能は、農村部で、特に農家を中心とした住民により形成された人的ネットワークをベースに、行政等では対応しきれない住民ニーズを相互に負担することで実践されてきたものです。例えば、畦や歩道の草刈り、水路の清掃などがそれにあたります。相互監視による安心社会の提供ということも含まれるかもしれません。また、保守政権を維持してきた政治安定化機能とは、ズバリ、選挙の際の票田のことです。このことは、戦後一貫して農家が保守政権を、選挙を通して支えてきたことからもわかります。

もし、日本でもオランダのようにハイテク農業を積極的に活用した六次産業化と異業種参入が進み、農業が他の産業と同様にビジネスライクになった場合、これまで日本農業が担ってきた社会安定化機能と政治安定化機能は何に求めるべきでしょうか。実は、後者の農業のもつ政治安定化機能については、従来と比べるとその機能が低下していることがわかります。日本の人口動態予測を見ると、今後地方の人口減少は顕著で、そうした状況の下、保守政権が求める政治安定化機能はこれまでの農村部依存から都市部へと遷移しつつあるのです。このように、日本農業は政治安定化機能という呪縛から解放されつつあるため、その意味では農業の自律性を高めるきっかけを得たともいえます。では、コミュニティーの維持という農業のもつ社会安定化機能は何に求めるべきでしょうか。これは、農業および農村の維持とその地域の地方自治をどのように形作るのかという重要な問題とも密接に関係します。現代日本の文脈に沿った農業の意義の再定義、すなわち農業はピュアビジネスなのか、それともコミュニティー維持も依然として期待される特別な存在でありつづけるのかの検討が必要になる、重要な問題提起なのです。

本章で取り上げた四つのキーワード、「農業の六次産業化」・「異業種参入」・「ハイテク農業」・「オランダ」は、こうした問題への、解決の糸口を探る上で重要な示唆を含んでいると私は考えます。これまで従来型の農業が担ってきた農村コミュニティー維持の機能を、六次産業化の流れに乗って新たに参入してきた農業経営体が担い、その際にはハイテク農業で採用されているさまざまなツール、特にインターネットやクラウド技術を積極的に活用する、というシナリオもその示唆する内容の具体化の一つの形かもしれません。その際、住民はこれまでのように集団主義的な環境の中で多数意見に同調するのではなく、西欧型社会のように自分の信条・主義・主張をもち、議論を通じて主体的にコミュニティーへ参加するという、発想や態度の転換も望まれていくことでしょう。こうしたことを通じて、「六次産業化」は単にビジネスの面だけの連携ではなく、広くコミュニティーを巻き込んで展開する、これまで従来型の農業がもっていたものとは異なる高い次元でのコミュニティーの維持装置としての役割も期待できると考えます。

今の地方創生の時代、行政間競争ともいえる状況にあって、こうした一連のストーリーからは、今後の日本の地方自治の方向性を決めるきわめて重要な問題の所在も読み取ることができます。オランダからは、単にハイテク農業とそれによる国際競争力の獲得という成果の部分だけではなく、ハイテク農業を支えてきた農業・農政・農村構造の抜本的改革とそれを規定する市民社会のありかたについても、今の日本は大いに学ぶべきと考えます。

注

[1] 食料自給率とその動向については、以下の資料を参照してください。
農林水産省「食料自給率とは」、http://www.maff.go.jp/j/zyukyu/zikyu_ritu/011.html、2015年12月27日参照。

農林水産省『平成26年度 食料・農業・農村白書』、44ページ。http://www.maff.go.jp/j/wpaper/w_maff/h26/pdf/z_all_2.pdf、2015年12月27日参照。

なお、農林水産省は2015年3月に、カロリーベースでの食料自給率の目標を50%から45%に引き下げるという決定を行いました。食料・農業・農村基本法では食料自給率目標を定め、5年おきに見直すことになっています。民主党政権の2010年当時には目標を50%としたものの、小麦や米粉用のコメの生産などが想定より進んでいないため、自民党政権時の2005年に策定した45%に戻すことにしました。

朝日新聞「食料自給率50%から45%に　農水省、目標引き下げ」、http://www.asahi.com/articles/ASH3D5VMCH3DULZU011.html、2015年12月27日参照。

[2] 本章では、特に記述がなければ、植物栽培による農業を想定しており、畜産業については触れていません。

[3] 特に記述がなければ、本項の数値は以下に掲載されたデータによります。
農林水産省「2015年農林業センサス結果の概要（概数値）」、http://www.maff.go.jp/j/tokei/kouhyou/noucen/index.html#y、

2015年12月27日参照。

[4] 農業経営体とは、農産物の生産を行うか又は委託を受けて作業を行い、生産又は作業に係る面積・頭数が、次の規定のいずれかに該当する事業を行う者のことを指します。
（1）経営耕地面積が30a以上の規模の農業を営む者
（2）農作物の作付面積又は栽培面積、家畜の飼養頭羽数又は出荷羽数その他の事業の規模が一定規模以上の農業を営む者
（3）農作業の受託の事業を営む者
東京都「用語の解説」、http://www.toukei.metro.tokyo.jp/nourin/2005/ng05tf4000.pdf、2015年12月27日参照。

[5] 追手門学院大学ベンチャービジネス研究所編『事業承継入門2―税金・資金と農林水産業の事業承継』、追手門学院大学出版会、2014年2月。

[6] 競争の激しい既存市場を、赤い海、血で血を洗う競争の激しい領域という意味で「レッド・オーシャン」とし、青い海、競合相手のいない領域の「ブルー・オーシャン」に進出してそこを切り開くべきとする戦略のことで、フランスの欧州経営大学院（INSEAD）のW・チャン・キムとレネ・モボルニュにより、2005年2月に発表された著書の中で提唱されています。

[7] 農林水産省『平成26年度 食料・農業・農村白書』、104ページ。

[8] フジオフードサービス「株式会社フジオファーム設立について」、http://v3.eir-parts.net/EIR/View.aspx?cat=tdnet&sid=1282425、2015年8月24日付。

[9] 日本経済新聞、国際版（欧州）、12版、13ページ、2016年1月7日付。

[10] イオンアグリ創造「会社概要」、http://www.aeon.jp/agricreate/company/index.html、2015年12月27日参照。

[11] 住化ファーム「住化ファームについて」、http://www.sumikafarm.com/info.html、2015年12月27日参照。

[12] 近畿日本鉄道「近鉄ふぁーむ花吉野」、http://blog2.kintetsu.co.jp/hanayoshino/、2015年12月27日参照。

[13] 精密農業という概念については、さまざまなとらえ方があります。日本では、「複雑で多様なばらつきのある農場に対し、事実を記録し、その記録に基づくきめ細やかなばらつき管理を行い、収量、品質の向上及び環境負荷低減を総合的に達成しようという農場管理手法」と定義されています。より具体的には、農地・農作物の状態を良く観察し、きめ細かく制御し、その結果に基づき次年度の計画を立てる一連の農業管理手法であり、農作物の収最及び品質の向上を目指すということとされています。
農林水産省「精密農業とは」、http://www.s.affrc.go.jp/docs/report/report24/no24_p3.htm、2015年12月28日参照。

[14] 農林水産省「スマート農業の将来像」、http://www.maff.go.jp/j/kanbo/kihyo03/gityo/g_smart_nougyo/pdf/cmatome.pdf、2015年12月28日参照。

[15] 農林水産省「スマート農業の実現に向けた研究会」、http://www.maff.go.jp/j/kanbo/kihyo03/gityo/g_smart_nougyo/index.html、2015年12月28日参照。

[16] ヤンマー「ヤンマーとソリマチが業務提携」、https://www.yanmar.com/jp/agri/news/2013/07/08/914.html、2013年7月8日付。

[17] クボタ「ICTを活用した営農・サービス支援システム対応の農業機械を投入」、https://www.kubota.co.jp/new/2014/2014-21j.html、2014年5月21日付。

[18] 井関農機「新製品の発売について」、https://www.iseki.co.jp/news/up_img/1418281312-389811.pdf、2014年12月11日付。

[19] NTTデータ「農業生産者向け収穫予測モデルの実用化に成功」、http://www.nttdata.com/jp/ja/news/release/2015/091000.html、2015年9月10日付。

JSOL「農業生産者向け収穫予測モデルの実用化に成功」、http://www.jsol.co.jp/release/2015/150910.html、2015年9月10日付。

[20] パナソニック「パッシブハウス型農業システム」、http://www2.panasonic.biz/es/solution/theme/agri/passive_house/index.html、2015年12月28日参照。

[21] パナソニック「人工光型 野菜工場システム」、https://www2.panasonic.biz/es/solution/works/fukushima.html、2015年12月28日参照。

[22] 農林水産技術会議「日本型精密農業を目指した技術開発」、http://www.s.affrc.go.jp/docs/report/report24/no24_p3.htm、2015年12月28日参照。

[23] 農林水産省「オランダの農林水産業概況」、http://www.maff.go.jp/j/kokusai/kokusei/kaigai_nogyo/k_gaikyo/nld.html、2015年12月28日参照。

[24] 著者による現地聞き取り調査結果から。

執筆者一覧

香坂《こうさか》　玲《りょう》　金沢大学大学院人間社会環境研究科地域創造学専攻准教授、博士（理学）

内山《うちやま》　愉太《ゆた》　金沢大学大学院人間社会環境研究科地域創造学専攻博士研究員、博士（工学）

藤平《ふじひら》　祥孝《よしのり》　金沢大学大学院自然科学研究科博士後期課程、博士（工学）

葉山《はやま》　幹恭《みきやす》　追手門学院大学経営学部専任講師、博士（経営学）

村上《むらかみ》　喜郁《よしふみ》　追手門学院大学経営学部准教授、地域文化創造機構研究員、博士（商学）

又木《またき》　実信《みのぶ》　金沢大学大学院人間社会環境研究科地域創造学専攻修士2年、修士（学術）

佐藤《さとう》　淳《じゅん》　㈱日本経済研究所　上席研究主幹、学士（経済学）

梶原《かじわら》　晃《あきら》　久留米大学教授、ベンチャービジネス研究所研究員、博士（経営学）、PhD

追手門学院大学ベンチャービジネス研究所

2006年開設。わが国や海外におけるベンチャービジネスの理論や実態、並びに、イノベーションを志す中堅中小企業の事業承継の調査研究を行い、Newsletterや『追手門学院大学 ベンチャービジネス・レビュー』の発行、経営セミナーの開催など地域社会に貢献する諸活動を行っている。

編著書　「事業承継入門1・2」編 2014年2月
　　　　「事業承継入門3」編 2015年2月

人としくみの農業
—地域をひとから人へ手渡す六次産業化

2016年3月31日初版発行

編　者　追手門学院大学
　　　　ベンチャービジネス研究所

発行所　追手門学院大学出版会
〒567-8502
大阪府茨木市西安威2-1-15
電話（072）641-7749
http://www.otemon.ac.jp/

発売所　丸善出版株式会社
〒101-0051
東京都千代田区神田神保町2-17
電話（03）3512-3256
http://pub.maruzen.co.jp/

編集・製作協力　丸善雄松堂株式会社

組版／月明組版
印刷・製本／大日本印刷株式会社
ISBN978-4-907574-13-0 C1061